岩　波　現　代　文　庫

戦慄の記録
インパール

NHKスペシャル取材班

社会 342

岩波書店

題字　竹中青琥

目　次

＊写真提供＝佐藤恭子・齋藤道子・防衛研究所戦史研究センター・牟田口照恭
＊本書に登場する方々の年齢は、取材時のものである。

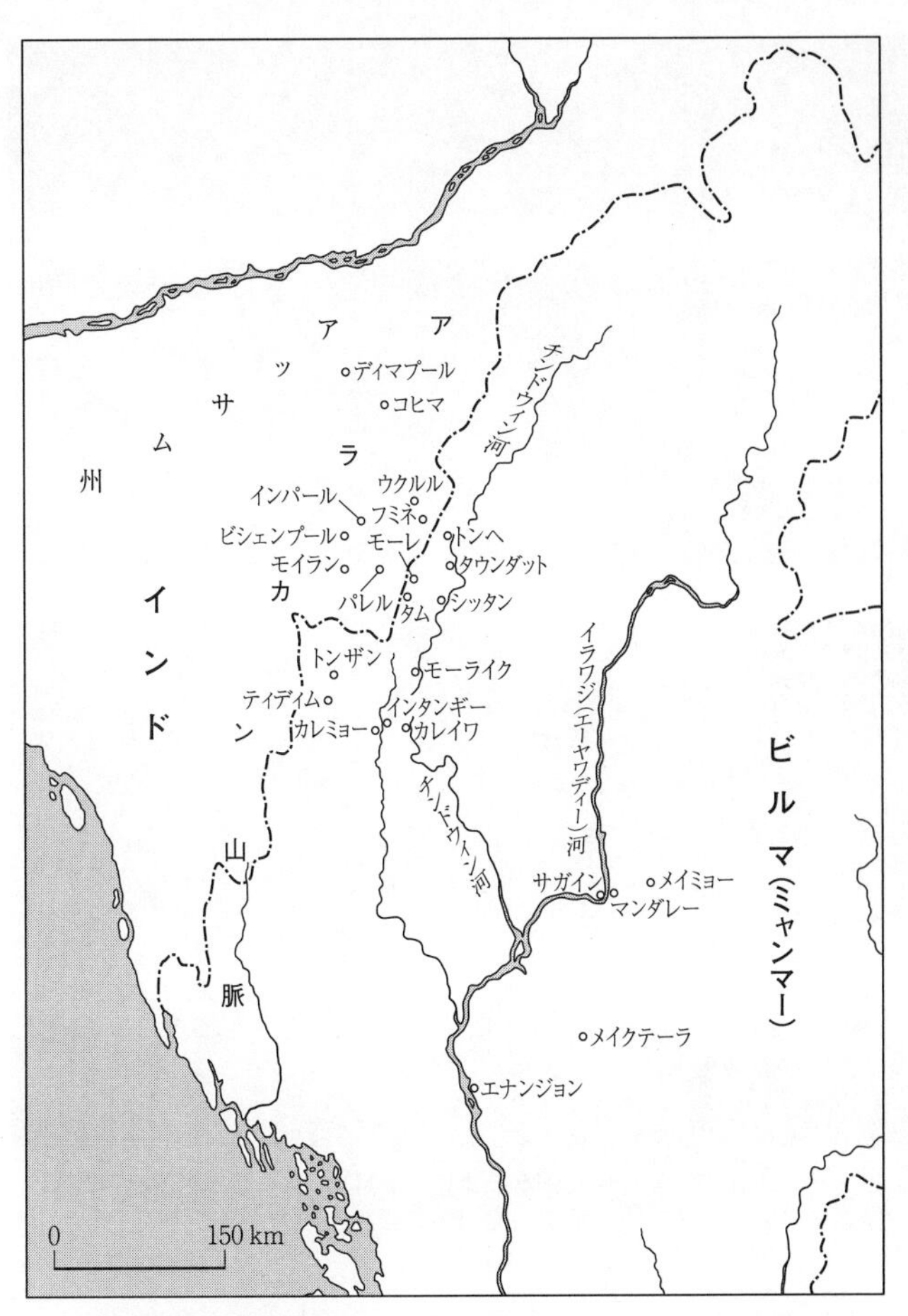

関連地図(『戦史叢書 インパール作戦』付図をもとに作成)

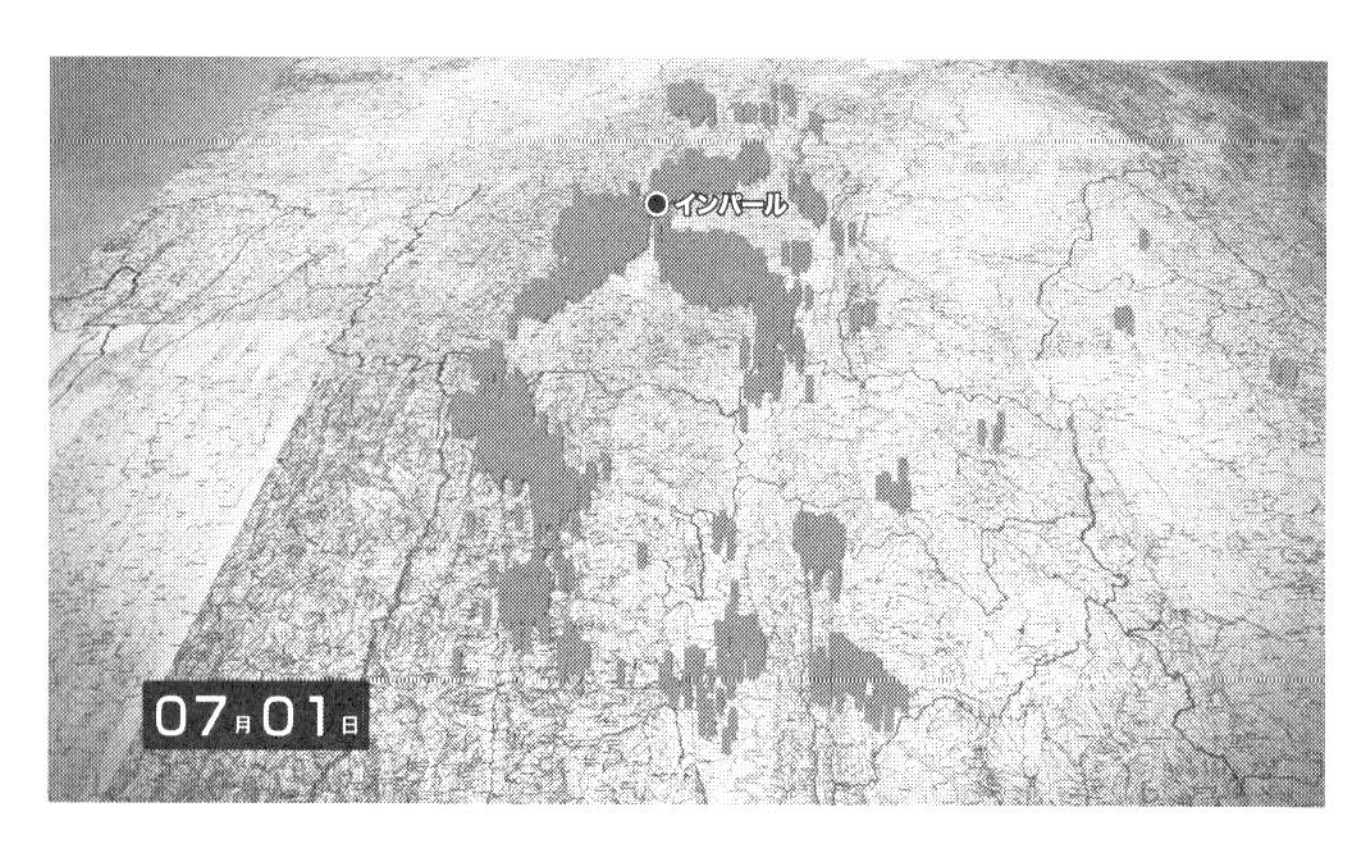

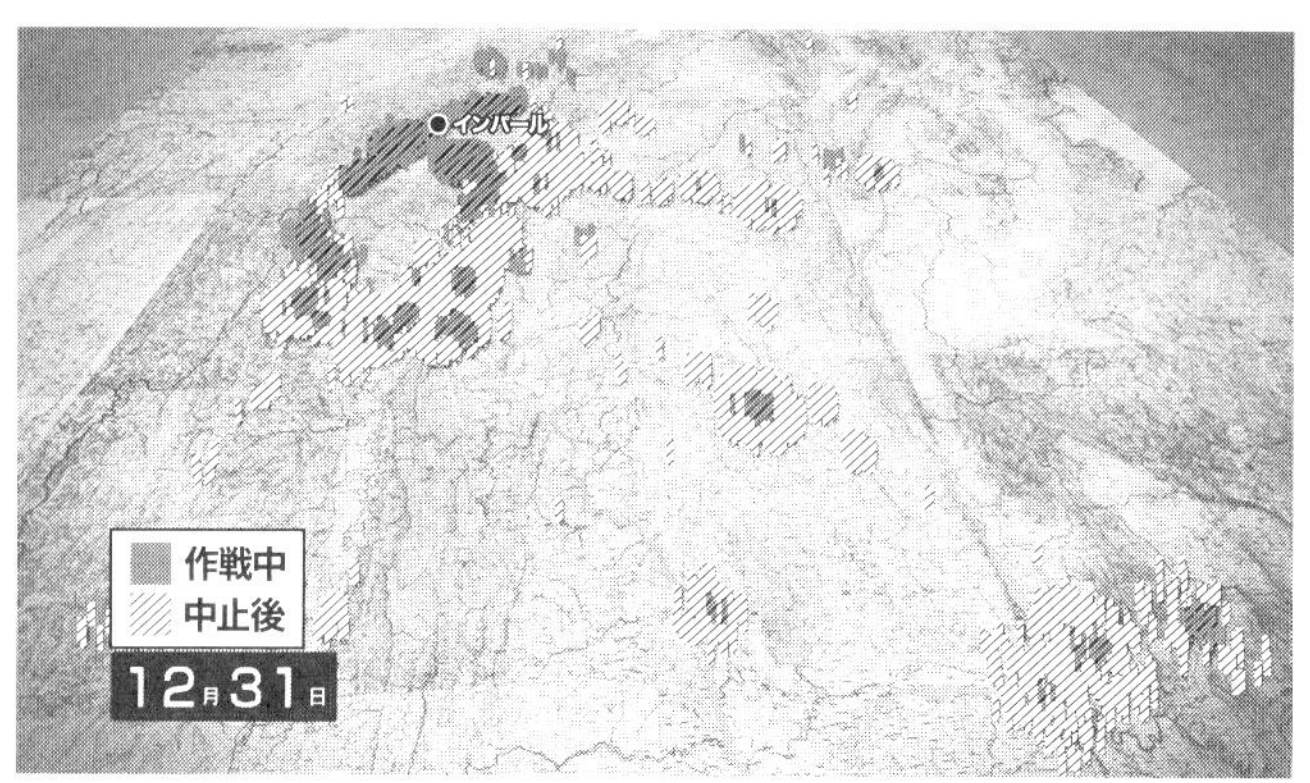

インパール作戦の実行中(1944年3月〜7月)に亡くなった将兵を▒，撤退中の戦没者を▨で示す．撤退中の犠牲者の方が多かった．

序章

死者三万人　戦慄の作戦

一九四二年(昭和一七)夏、東京・市ヶ谷台にある大本営陸軍部の参謀たちは、地図を前に壮大な構想を描いていた。同年六月のミッドウェーにおける海戦で大敗を喫したとはいえ、日本軍は太平洋から東南アジアまで、広大な範囲を勢力下に収めていた。西に目を向ければ、イギリス領だったビルマ(現ミャンマー連邦共和国)全土を予想を上回る速さで制圧していた。参謀たちは、この勢いのままに、インド北東部に進攻できないかと考えていたのである。その目的は、連合国が中国の蒋介石を支援する輸送路「援蒋ルート」の遮断であった。

「二一号作戦」と名付けられたこの構想の主力として期待されたのが、ビルマ方面を担当する第一五軍隷下の第一八師団であった。師団長は牟田口廉也(むたぐちれんや)中将である。

牟田口中将は、強気の作戦指導で知られた猛将であった。一九三七年(昭和一二)の盧溝橋事件の際は、現地の連隊長であったが、中国軍への攻撃に逡巡する空気もある中で、「軍人が敵から撃たれながら、如何したらよいかなぞと、聞く奴があるか」と攻撃を命じた。まさしく、日中全面戦争への引き金を引いた人物であった（藤原彰『昭和の歴史5 日中全面戦争』）。

強気の牟田口中将が、二一号作戦について下した判断は「実行困難」というものであった。第一五軍司令官・飯田祥二郎中将に対して、「兵站道路の構築、補給体系の確立準備などの諸点からみて、あまりにも時間的余裕がなく、実現の見こみはないと思う」と答えている。作戦地域の厳しい自然条件を考慮してのことであった（防衛庁防衛研修所戦史室『戦史叢書 ビルマ攻略作戦』。以下、特に断りのない限り、作戦についての概略的な説明や将官たちの発言等は、同書ならびに『戦史叢書 インパール作戦――ビルマの防衛』に拠る）。

ビルマとインドの国境地帯には、密林に覆われた山岳地帯を激しく蛇行する大河が流れている。チンドウィン河である。ビルマ語で「チン族の河」を意味し、流域周辺には、多くの少数民族が暮らしている。

川は、季節によって全く違った顔を見せる。一一月から四月にかけての乾期は、穏やかな流れだが、五月からの雨期に入ると、暴れ川と化す。世界一の降水量と言われる豪雨にうたれた周囲の山々から水が流れ込み、濁流が渦巻いて河岸を洗うのである。川幅は六〇〇メートルに達するという。

チンドウィン河

チンドウィン河の西には、険しいアラカン山脈が広がっている。二〇〇〇メートル級の山と深い谷が連なる密林地帯で、貧弱な道しかない。大型の火砲や戦車を移動させるのは難しく、大軍を維持する食糧の補給にも困難が予想された。さらに雨期ともなれば、たちまちぬかるみ、行軍は停滞する。長い補給線を敵に断たれれば、部隊が袋のネズミとなってしまう恐れもあった。

第一五軍司令官・飯田中将も「膨大な犠牲を出すことも免れないであろうが、こんな大きな犠牲をあえて冒(おか)してまで、何の必要があってこの作戦をやろうとするのか」と強い疑問を感じていた。結局この時、大本営は作戦を保留した。

ところがその後、計画は「ウ号作戦」と名を変えて、再浮上する。これが、インパール作戦である。主導したのは、計画に反対していたはずの牟田口中将であった。第一五軍司令官に昇格していた牟田口中将は、太平洋方面の戦局が急速に悪化する中で、功を上げようと作戦実行を主張するようになっていた。「盧溝橋〔事件〕は私が始めた。大東亜戦争は私が結末をつけるのが私の責任だ」と、語っていたという(齋藤博圀「回想録」)。

多くの幕僚は作戦の危険性を認識していたが、冷静な分析に基づく反対論や懸念は、退けられていった。牟田口司令官の野心と、その上司たちの思惑、情実が複雑に絡み合った結果であった。戦いの専門家であるはずの軍人たちが、戦場の現実を度外視したところから、この作戦の悲劇は始まっていたと言ってよい。

作戦は、一九四四年(昭和一九)三月に始動、本格的な雨期が到来する前にインパールを攻略する、としていた。悪路のため、兵士たちは、武器や弾薬などを背負って運ばなければならず、携行できる食糧は、わずか三週間分であった。

一方のイギリス軍は、行軍路を見下ろす丘の上に、堅牢な陣地を築いて、日本軍と対峙した。地上戦では上から攻める方が圧倒的に有利である。さらに、飛行機による空中補給を大規模に展開し、武器や食糧を前線に届けた。イギリス軍は、軽装備の日本兵に、機関銃や火砲を容赦なく浴びせた。

戦いは持久戦となり、想定していた三週間はまたたく間に過ぎた。食糧は底をつき、兵士たちは、汗を舐めて塩分を補給する状態となった。そして、最も恐れていた雨期が到来した。劣悪な衛生環境の中で、赤痢に感染する兵士が続出、マラリアも蔓延し、兵

かつての「白骨街道」

士たちは作戦を遂行するどころか、生命を維持することさえ困難な状況に置かれたのである。

軍上層部は、作戦の失敗を認識しながらも意思決定を避け続け、作戦が中止となったのは、発動から実に四カ月後のことであった。

撤退路は、生きるための凄惨な戦いの場と化した。空腹や疫病のため倒れた兵士から、ほかの兵がわずかな食糧や靴を奪い去っていく。ぬかるんだ道や密林を歩き切るには、靴は何足でも必要だった。歩けなくなった者は、生きながらハゲタカに啄まれ、蛆にたかられた。今回の取材では、いわゆる人肉食が起きたことを証言した元兵士もいた。

兵士たちの死体が連なった撤退路は、「白骨街道」と呼ばれた。

インパール作戦に参加した九万人のうち、三万人が亡くなったとされている。

行軍路をゆく

　戦場となったビルマ、現在のミャンマー連邦共和国は、国民の九割が仏教を信仰する国である。その中央にサガインという名の、人口五〇万の都市がある。国を南北に貫くエーヤワディー河（イラワジ河）中流域に古くから発展した町で、多くの僧が修行に励む宗教都市でもある。

サガインの慰霊碑

　川沿いの丘陵には、一五〇以上のパゴダや寺院などが並んでいる。その一角に、「慰霊」「安らかにお眠りください」といった言葉が記された石碑が数多くある。インパール作戦など、ビルマで命を落とした日本兵の慰霊碑である。日本に生還できた元兵士たちが、戦後に建立したものだ。

　元兵士たちは、戦友たちが命を落とした国境地帯などの戦場を訪れ、霊を慰めたかったであろう。しかし、ミャンマーとインドの国境地帯では、少数民族武装組織と国軍の衝突が繰り返されてきたため、外国人の立ち入りが制限されてきた。元兵士たちは、遠

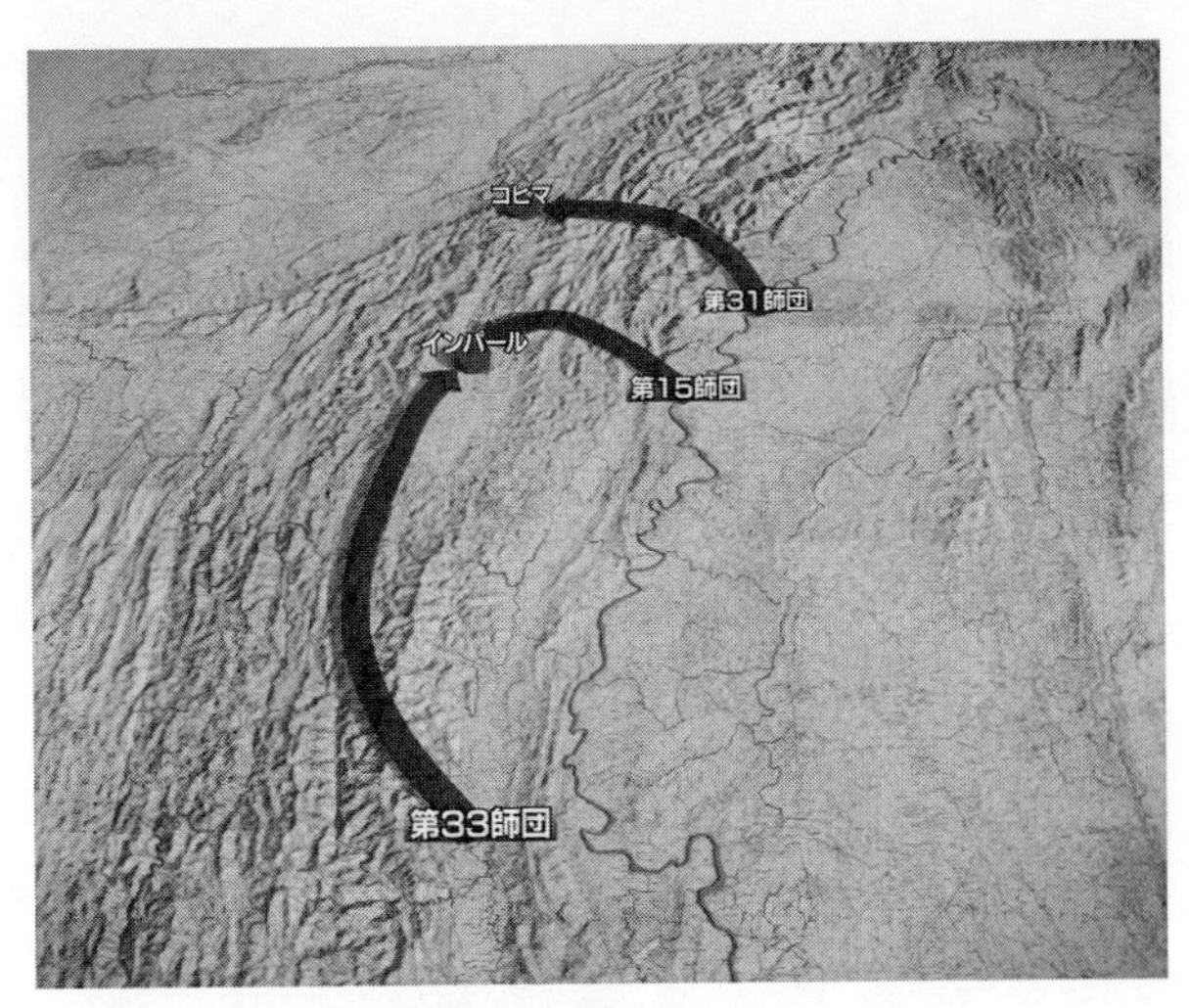

第15軍隷下3師団の進攻ルート

く離れたサガインから戦場に思いをはせ、祈りを捧げてきたのである。

長らく軍政が敷かれてきたミャンマーであったが、二〇一一年に民政に移管した。いま、新たな国づくりを事実上率いているのは、日本軍とも一時協力関係にあった「建国の父」アウン・サン将軍の娘、アウン・サン・スー・チー氏である。

こうした国内政治の変化が追い風となったのか、今回、インパール作戦の戦場での取材が特別に許可されることになった。インド側も含めて、日本軍九万人の足跡を映像で辿るのは、初めてのことと思われる。

インパール作戦では、牟田口司令官率いる第一五軍隷下の三つの師団が、北、中央、南のルートでビルマからインドに攻め入った。

北のルートでは、第三一師団がインパール北部の都市、コヒマを目指した。インパールに通じる道を塞ぎ、孤立させるためである。「烈」と称されるこの師団を率いたのは、一九三八年(昭和一三)の張鼓峰事件でソビエト軍に夜襲を仕掛けるなど、戦上手で知られた佐藤幸徳中将であった。

第一五師団は中央から、インパールを目指した。このルートの大部分は、山道さえ乏しく、未踏の山岳路での行軍を強いられることになった。師団主力は京都の連隊で、郷土が誇る祇園祭から取って「祭」と称した。師団長は山内正文中将である。

南のルートから迫ったのは、第三三師団、通称「弓」である。率いたのは、柳田元三中将。陸軍大学校を優秀な成績で卒業し、天皇から恩賜の軍刀を賜った、いわゆる「恩賜組」で、陸軍きっての秀才と言われた。

詳しくは後の章に譲るが、この三人の師団長は、その後牟田口司令官から更迭されることになる。特に佐藤師団長は、約束した補給がないことに憤慨して、牟田口司令官を罵り、命令を無視して独断で撤退した。この抗命は、統帥の根幹を揺るがす、日本陸軍始まって以来の大事件であった。

三つの師団が展開した国境地帯に私たちが最初に入ったのは、二〇一六年(平成二八)

一二月のことであった。乾期のチンドウィン河は穏やかで、住民たちは洗濯をしたり、水浴びをしたりしていた。魚を獲っている者もあった。この年は、いつも以上に水量が少なく、私たちが乗った船の船頭は、コース選びに苦慮していた。スクリューが川底と接触し、交換を余儀なくされる一幕もあった。

インパール作戦は、このチンドウィン河の渡河から始まった。イギリス軍の空からの攻撃を避けるため、闇夜に紛れての行動であった。ところが、ここで思いがけないことが起こる。牟田口司令官の思いつきで、物資運搬、最終的には食糧にするためとして、兵士たちは牛などの家畜を引き連れていた。その牛が渡河中に暴れ出し、川に落ちる兵士が相次いだのである。多くの家畜も流されていった。

家畜の帯同はジンギスカンの故事に倣ったものだという。渡河時の被害の程度は不明だが、戦場から遠く離れた場所で指揮を執る将の思いつきで、兵が苦悶（くもん）するという、この作戦の図式が早くもあらわれた現場であった。

川を越えると、密林に覆われた山々が屏風（びょうぶ）のように連なる。山道の周囲には、当時も今も、少数民族の村が点在している。ある長老は、日本軍がやってきた日のことを鮮明に覚えていた。「日本兵は向こうの川を渡り、山を越えてこの村に来た」と、霧に霞む山々を指さしながら説明してくれた。

村には、日本軍の遺物が数多く残されていた。八七歳になるチンさんは、一・二メー

日本軍が遺したとみられるキャタピラー

トルほどの細長い鉄の塊を重そうに引きずって、私たちに見せてくれた。

「これは日本軍の戦車のキャタピラーだ。雨の日に地面に置くと滑らずに歩けるんだ」

私たちに「日本軍の高射砲だ」と、スマートフォンの画像を見せてくれたのは、二〇代ぐらいの男性。ぜひ見せてほしいと頼むと、「売っちゃった。二万チャットだった」と、少し決まり悪そうに答えた。日本円にして二〇〇〇円ほどである。

日英両軍の激戦地には、草むらの中に人の背丈よりもはるかに大きい、白い十字架が建っていた。インパールの南、百数十キロのところにあるシンゲルという村である。第三三師団はこの付近で、一〇〇〇人を超える死傷者を出した。

私たちを案内してくれたのは、四〇代ぐらいの男性だった。十字架に向かって祈りを捧げたあと、こう語った。

「IMPHAL 0」のマイルストーン

「この辺りには、日本兵の霊がさまよっている。軍服を着た日本兵をよく見るが、近づくと消えてしまう」

多くの日本人にとって、遠い過去となったあの戦争が、ミャンマーの人々の中に、かえって息づいているようであった。

シンゲルから北へ、国境線を越えるとインド・マニプール州である。南北に広がるインパール盆地には、国立公園となっているロクタク湖がある。多くの水鳥が羽を休める、美しい場所である。この風景を、日本兵も見ていたはずである。ふるさとから四〇〇〇キロ以上離れた地で、明日の命をも知れぬ日々を過ごしていた彼らは、何を思ったのだろうか。

私たちがインパールに入った時には、激しい雨が降っていた。その雨音と、自動車のクラクションが喧（かまびす）しい。道路脇にポツリと、古いマイルストーンが建っていた。兵士たちがたどり着けなかった場所、「IMPHAL 0」。その文字は、濡れていた。

インパールから道路をおよそ一五〇キロほど北に進むと、インド・ナガランド州のコヒマに至る。道路は整備されているが、アラカン山脈のただ中にあって、二〇〇〇メートル級の山を越えて行かねばならない。第三一師団は、ミャンマー側から、山脈を越えてコヒマを急襲し、この地の攻略に成功した。その後日英両軍の激闘が続いたが、第三一師団は武器・弾薬、食糧の不足に直面し、先に述べた通り、佐藤師団長が独断撤退した。一度落とされたコヒマを奪還したイギリスにとっては、対日戦勝利を彩る象徴的な場所であり、本国には「コヒマの戦い」に特化したミュージアムまでつくられている。

『戦史叢書』によれば、チンドウィン河の渡河からインパールまで、実際に踏破しなければならない距離は四〇〇キロメートルにも及ぶ。三週間で攻略するとすれば、敵と戦いながら、一日一九キロの山道を進まなければならない計算である。急峻な崖や、入り組んだ小さな河川が行く手を阻み、ひとつの峠を越えるだけで一日を費やさなければならない状態だった。携行した三週間分の食糧が尽きれば、命の維持さえできない。

野心に燃えた牟田口司令官は「インパールは天長節(昭和天皇の誕生日。四月二九日)までには必ず占領してご覧にいれます」と口癖のように述べていたという。奇妙なことに気づく。天長節までとなれば、携行する食糧は三週間では済まない。倍の六週間から七週間分必要になる。このズレを牟田口司令官はどう考えていたのか。戦後の証言が残っている(国立国会図書館「牟田口廉也政治談話録音」)。

「補給が至難なる作戦においては特に糧秣、弾薬、兵器等いわゆる〝敵の糧による〟ということが絶対に必要である。放胆な作戦であればあるほど危険はつきものである」

このような無謀な作戦が、わずか七十数年前に現実に実行されたのである。慄然(りつぜん)とするほかない。

一万三五七七人　死の記録

インパール作戦の実相とは、どんなものだったのか——。戦地での取材とともに、私たちは、従軍した人たちに話を聞こうと、京都、茨城、群馬など、各師団の連隊が編成された地を訪ね歩いた。出会った元将兵たちは皆、九〇歳を超えていた。

ほとんどの人は、死地をくぐり抜けた戦場での体験を、家族にさえ明かしたことはないという。その一方で、連隊や部隊ごとに戦友会のような組織が存在し、以前は時々集まって、それぞれの記憶を語り合ってきた。彼らが壮年期を迎えていた昭和四〇年代から五〇年代にかけては活動も活発で、貴重な体験記や記録を残していた。

そうした記録の中で、私たちの心を大きく揺さぶったのが、亡くなった人たちの名前

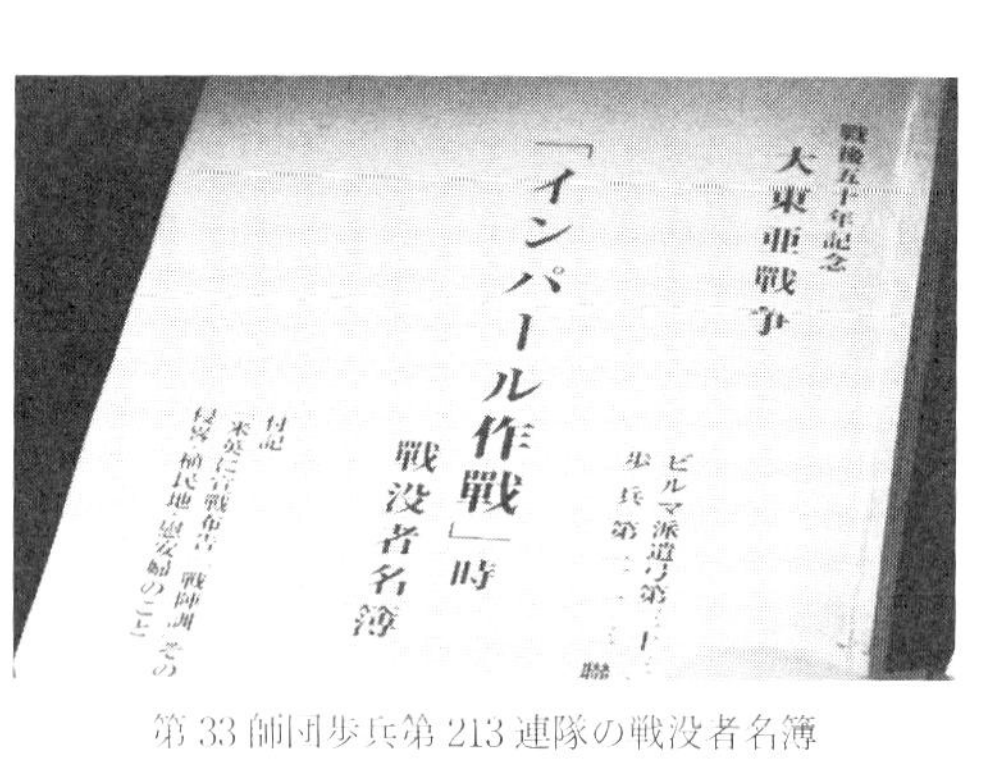

第33師団歩兵第213連隊の戦没者名簿

が何ページにもわたって書き連ねられた戦没者の名簿であった。「死者三万」――私たちはそんなふうに、戦没者を一括りに考えてしまいがちだが、それぞれに人生があり、喜びや悲しみを分け合った親や兄弟、友人や恋人がいた。戦没者名簿を目にした時、ひとりひとりが、個として浮かび上がってきたのである。めくってもめくっても、途切れない名前は、無念の思いを訴えかけてくるようでもあった。

取材で元将兵を訪ね歩くうちに、数千人分の戦没者名簿が手に入った。名簿には、亡くなった日や大まかな場所が記されていたが、目を引いたのは、「マラリア」「赤痢」など、戦闘以外の死因が記載されていたことであった。

かつて、別の番組で取材した元兵士から、戦没者名簿の記載には問題が多いと聞いたことがあった。たとえ疫病や飢えで亡くなっていたとしても、「戦死」と書かれる場合が少なくないというのである。ご遺族の心中を慮って（おもんぱか）てのことだという。

しかし、今回私たちが入手した名簿では、「病死」がかなりの数にのぼっていた。「餓死」の記載こそなかったものの、名簿を作成した人に、戦場の実態を伝え残したいという思いがあったのかもしれない。

集まった兵士たちの死の記録から、何かを見出すことはできないか。私たちは、名簿の情報をコンピューターで解析することにした。膨大な情報から隠れた意味を見出す、いわゆるビッグデータ解析である。

ひとりひとりの兵士が亡くなった場所、死因を入力し、作戦開始の一九四四年(昭和一九)三月から同年一二月まで日ごとに並べていった(本書口絵参照)。

並行して、戦没者名簿を放送直前まで探し出し、最終的に一万三五七七人の記録が集まった。三万人と言われる死者の半数にも及ばないが、全体像を類推することは可能なのではないかと考えた。

おびただしい死の記録が浮かび上がらせたのは、かろうじて命をつなぎ止めた兵さえ放置する、無責任極まりない軍の体質であった。

インパールへ向けて進撃中に戦死した人よりも、撤退するさなかに亡くなった人の方が多かったのである。一万三五七七人の六割にあたる人々が、作戦が中止となった七月以降に亡くなっていた。そのほとんどは「病死」であった。この中に、相当数の「餓死」が含まれているとみていいだろう。

痛ましかったのは、チンドウィン河周辺で亡くなっていた人が、全体の三割にも及んでいたことである。飢餓と疫病で憔悴し、敵の追撃にもさらされながら、アラカン山脈を抜けた兵士が目にしたのは、荒れ狂う雨期のチンドウィン河であった。

渡れぬ大河を前に力尽きたのか、帰りたい一心で渡河を試みてのみ込まれていったのか……。そのとき兵士が抱いた思いを想像すべくもない。ただ、胸が締め付けられる。

この作戦を遂行した大日本帝国陸軍は、戦闘集団であるとともに、首相をはじめ多くの閣僚を輩出する政治集団であり、数百万の兵と国家財政の八割前後を差配する官僚集団であった。

そのエリート集団のありようを、解任された第三一師団の佐藤幸徳師団長は次のように糾弾している(高木俊朗『抗命』)。

「統帥もここに至っては完全にその尊厳を失い、すべて部下に対する責任転嫁と上司に対する責任免除のため存在しあるにすぎざるものと断ぜざるを得ず」

本書を執筆中、公文書の〝改竄〟を、中央からの指示によって担わされることになった地方の官僚が、自ら命を絶つという痛ましい出来事があった。七〇年以上前に発せられた佐藤師団長の言葉は、現代に生きる私たちにも、生々しい現実感を伴って重く響いてくる。

　私たちの社会は、インパール作戦がもたらした三万の死から何を学び取るべきなのだろうか。

第1章
“責任なき”作戦認可

第15軍幹部(前列左から柳田元三中将，田中新一中将，牟田口廉也中将，1人おいて佐藤幸徳中将，2列中央・小畑信良少将)

司令官の遺族との対面

インパール作戦を決行した牟田口廉也中将。

その孫である牟田口照恭(てるやす)氏に会ったのは二〇一七年六月、ビルマの雨期を連想させるような、蒸し暑い日だった。待ち合わせの大宮駅にスーツ姿で現れた照恭氏は、眼光鋭い切れ者の風格で、思わず緊張した。

一部上場企業の取締役を務めている照恭氏は、これまでメディアの取材を一切断ってきたという。しかし、「NHKが公共放送として戦争の検証をするならば、話だけは聞きましょう」と面会を承諾していただいた。

駅ビルにある喫茶店に腰を下ろした後、私たちは国立国会図書館で複写してきた資料を手渡した。一九六五年(昭和四〇)二月一八日、国立国会図書館政治史料調査事務局によって行われた「牟田口廉也政治談話録音」の速記録である。晩年の牟田口中将自らがインパール作戦について振り返ったもので、録音してからしばらくは非公開とされたため、その肉声をテレビで放送すれば、初めてとなる貴重な記録だった。牟田口中将の死後五〇年が経過しているため著作権は消滅しており、放送にあたって、ご遺族の許諾は必ずしも要しないが、肉声テープを使用する私たちの意図はお伝えしておきたかった。照恭氏は速記録に目を通しながら、こう言った。

「たとえ私が反対しても、テープはお使いになるんでしょう」

テープには、牟田口中将の思いの丈(たけ)が吹き込まれていた。内容は、インパール作戦についての弁明で、長らく内に秘めていた本音があふれ出たような語り口であった。

インパール作戦を決行した指揮官のもとには、戦後、多くの批判が集まった。戦記物で登場する牟田口中将は、「無謀な神がかりの将軍」として描かれ、「インパール作戦が惨敗に終わったのは全く牟田口の無謀なる作戦のためである」などと非難されてきた。元軍人からも「牟田口の奴はあれでよく生きていられる」、「坊主になれ」などと、散々罵られた。そのためか、牟田口中将の自宅では戦争の話はタブーだった。牟田口中将の長男・衛邦(もりくに)氏(故人、照恭氏の父)は、戦前、母の強い意向で、軍人のエリートを育成する士官学校ではなく、東京帝国大学に進んだ。戦後は大手企業で活躍したが、「牟田口」という姓が戦争を連想させるため、昇進にも影響したという。

余談になるが、牟田口廉也中将の姓は、もともとは「福地」であったという。姓が変わった経緯については、軍事雑誌『丸』などに連載を持っていた、歯科医で軍事研究家の大田嘉弘氏がその著書『インパール作戦——ビルマ方面軍第十五軍敗因の真相』の中で明らかにしている。牟田口中将の父は、東京帝国大学出身の商人で、四人の子供がいた。次男であった廉也は、小学校三年のときに、家系の絶えるおそれのあった母方の姓である「牟田口」を名乗ることになった。突然のことに廉也少年は「そんな苗字は嫌だ」と泣いたという。こうしてのちにインパール作戦の指揮官となる〝牟田口廉也〟が生まれたのであった。ところで、弟の福地英男氏は海軍へと進み、少将のときに広島で原爆にあい、亡くなっている。

私たちは、照恭氏に対して、番組の全体像を改めて説明した。牟田口中将をはじめ、陸軍上層部の責任など、インパール作戦をあらゆる角度から徹底的に検証したいと伝えた。その上で、牟田口中将の遺品や資料があれば、番組に提供してもらえないか、とお願いした。

照恭氏はしばらく考えてから、こう言った。

「いい機会かもしれません。遺品は探してみましょう」

照恭氏は取材に協力するにあたって、条件を提示した。なぜ、祖父が無謀な作戦の指揮官にならざるを得なかったのか、当時の国際情勢や戦況といった時代背景、陸軍内の組織的な構図にまで深く分け入って、事実を明らかにして欲しいというものだった。

後日、取材に協力する遺族の思いとして、照恭氏から次のメールを受け取った。

「悲惨な歴史を二度と繰り返さないためにも、当時の時代環境を正しく知り、状況が刻一刻と変化する中、当時のリーダーがどのような判断をしたのか。ファクトファインディングが重要だと認識している」

照恭氏の父、衛邦氏も、右記の大田氏を唯一の例外として、メディアの取材は一切受けなかったという。牟田口家にとって、私たちの取材を受けるのは、重い決断だったに違いない。照恭氏からのメールを読み、伝える側の責任を改めて自覚し、身が引き締まった。

数日後、私たちは牟田口中将が晩年を過ごした東京・調布市の住居を訪れた。衛邦氏が建てた質素な日本家屋で、照恭氏も、祖父が亡くなるまで、この家でともに過ごした。孫にとっての牟田口中将は、たまに勉強を教えてくれる、やさしいおじいちゃんだったという。司令官の一面を垣間見たのは、来客者に対し、祖父が背筋を伸ばして敬礼した、その姿だけであった。

照恭氏は、二日間をかけて、祖父の遺品を探し回ってくれた。遺品は天井裏にひっそりと保管されていたという。戦後、田中角栄総理大臣から贈られた銀杯、戦時中の勲章、手記、アルバム……ほとんどが戦争にまつわるもので、その数は、応接室のテーブルに並べきれないほどであった。戦争については一切触れなかったという父が、なぜ牟田口中将の遺品を残しておいたのだろうか。その理由について照恭氏は、こう語った。

「父には、歴史物として捨ててはいけないという思いがあったんでしょうね。見たくはないけど、捨ててはいけない」

作戦の実像に迫る資料

牟田口廉也中将は、一八八八年(明治二一)佐賀県に生まれた。陸軍将校の養成を目的とした陸軍士官学校二二期で、卒業後連隊等での勤務を経て、一九一七年(大正六)に陸軍の最高軍事教育機関である陸軍大学校を卒業した。その後、陸軍省軍務局や参謀本部に勤務し、陸軍予科士官学校の校長を務めた。アルバムには、牟田口中将が、陸軍で順調に出世の道を歩んだことを示す幾多の写真が収められていた。

牟田口照恭氏

その名がまず歴史の表舞台に登場したのは、日中戦争の発端となった盧溝橋事件においてであった。一九三七年(昭和一二)七月、支那駐屯歩兵第一連隊の連隊長だった牟田口大佐は、北京郊外の盧溝橋付近で夜間演習中の部隊から「銃声を聞いた」という連絡を受け、中国軍に対する戦闘命令を下したのである。

裏に「蘆（ママ）溝橋」と記された写真には、当時の直属の上司である河辺正三（かわべまさかず）少将とともに写されていたものが数枚あった。のちのインパール作戦の際にも、河辺中将は牟田口中将の上司、ビルマ方面軍司令官だった。この二人の強固な人間関係が、作戦が強行されていく一因となり、その後の泥沼化にも影を落とすことになる。

一九四一年四月、牟田口中将は、第一八師団長に就任した。そして同年一二月、真珠湾攻撃と機を同じくしたマレー半島上陸作戦を成功させた。牟田口中将は、日中戦争、そして太平洋戦争の火蓋（ひぶた）を切った猛将であった。

さらに翌一九四二年二月のシンガポール攻略作戦では、ブキテマ高地の激闘を制し、この地のイギリス軍を屈服させた。その後、ビルマに進攻し、全土の制圧に大きく貢献した。

牟田口廉也中将

快進撃を続ける牟田口中将は、激しい気性と強気の作戦指導で、その名を知られるようになった。やがて、連合国軍の反攻が強まると、担当方面での大作戦によって、戦争の全局面を好転させたいという、壮大な使命感に駆られていく。それが、インパール作戦であ

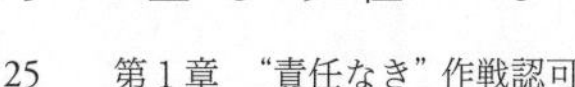

った。作戦を思い立った理由を、先に紹介した「牟田口廉也政治談話録音」の中で、こう力説している。

「私の作戦発起の動機は、「大東亜戦争に勝ちたい」という一念にほかなりません。その理由は盧溝橋で事件が勃発動機となり、支那事変となり、さらにこれが膨れあがって大東亜戦争になったと思っていた私としては、戦争全般の形勢が各方面とも不振である当時の形勢に鑑み、せめて盧溝橋事件の当事者であった私の担当作戦正面において、作戦指導如何(いかん)によっては戦争全局面を好転させたいとの念願を持っていたからである」

幾多の戦歴を誇る牟田口中将の遺品の中で目を引いたのが、三冊に及ぶ「インパール作戦回想録」であった。一九五六年(昭和三一)に防衛庁戦史室から執筆を依頼されたものので、その下書きのようなものもあった。そこには、インパール作戦の計画、意思決定、実行に至る経緯を、細かい指示内容に至るまでできる限り詳細に記そうという推敲の跡が、随所に見て取れた。

その「回想録」に、こんな印象的な一節がある。

「私は決して、南方総軍および方面軍河辺将軍の意図に背いて作戦構想を変更し、我(が)を通した考えはみじんもないことを、ここに明言する」

「上司の意図を達成させることには、常に積極果敢であった私としても、凡将であるという非難は甘受するが、上司の指示に対しこれに背いたといわれることは、私の信条を損なうものであり、また当時毫も我を通す等の考えがなかったことを重ねて明言する」

「作戦は牟田口の独断によるものであった」との誹りを受けてきたインパール作戦であったが、あくまでも上司の意図通りに動いた結果に過ぎず、自らの独断によって作戦を実行したわけではない、との強い思いが記されていた。

音声テープでも、こう反論している(「牟田口廉也政治談話録音」)。

「敗戦後になって、徒らに不純な動機に発足したかのように主観的観察を加えるものがあるが、これは私の信念とは全く反対である。

――この不純の動機と申しますのは、「牟田口の奴は大将になりたいためにやったんだ」という非常に非難が多かった。そういうことは毛頭ないのです。〔略〕これは私の信念とは全く反対の観察である」

詳しくは後の記述に譲るが、実際には牟田口中将は、上部組織にあたる南方軍やビルマ方面軍から、再三にわたって、作戦を堅実なものに変更するよう求められていた。しかし、牟田口中将は、その進言に応じて、作戦を再検討し変更することはなかった。

一方でこうした進言は、南方軍やビルマ方面軍などの参謀からのもので、牟田口中将の上司、つまり河辺司令官や、寺内寿一南方軍司令官からの直接の指示・命令ではなかった。「上司の意図に背いていない」と、牟田口中将が主張する背景には、当時の陸軍の、複雑で曖昧な意思決定があったのだ。

果たして、インパール作戦は、誰がどのように計画し、いかなる経緯を辿って、実行されたのか。陸軍上層部の意思決定のプロセスを隅々まで検証することは、ご遺族の希望でもあり、私たちの取材の大きな目的の一つだった。

私たちは、牟田口中将だけでなく、作戦の計画、実行に関わった当時の指導者に関する証言や回想録、陸軍の内部文書にくまなく当たった。できるだけ一次資料に近いものを収集し、様々な角度から検証することで、歴史観や主義主張にとらわれず、この作戦の真実に近づこうと考えたからである。

前出の軍事研究家の大田嘉弘氏(故人)の自宅には、『インパール作戦――ビルマ方面軍第十五軍敗因の真相』を執筆するにあたって集められた、数百点に上る資料が保管されていた。大田氏は、広島県竹原市で歯科医を開業する傍ら、「民族の興亡を賭けた歴史が忘れられてよいものではない」という信念から、二〇一五年に亡くなるまで軍事研究を続けた人物である。

同郷で防衛事務次官をつとめたのち、衆議院議員となった加藤陽三氏や、統合幕僚会議議長で陸将の栗栖弘臣氏など、幅広い人脈を活かして、インパール作戦に参加した一〇名を超える将兵のインタビューを行っていた。妻の紀久子さんを通じて、その貴重な

「大東亜共栄圏」

音声テープを番組に提供してもらった。

さらに当時の陸軍の作戦計画案など、公文書の検証も精力的に進め、その取材は海外にまで及んだ。インパール作戦の敵国であったイギリスには、作戦を検証した膨大な資料が残されていたことが分かった。終戦直後、連合国側はインパール作戦に関わった日本軍の指導者から、その内実を密かに聞き取っていたのだ。対象は、司令官や幕僚など、分かっただけでも一七人に及んでいた。

私たちはこうした資料から、インパール作戦の実像に迫っていった。

「大東亜共栄圏」とビルマの日本軍

一九四一年(昭和一六)一二月、アメリカやイギリスなどの連合国と戦争を始めた日本。その大義として掲げられたのは、「大東亜共栄圏の建設」

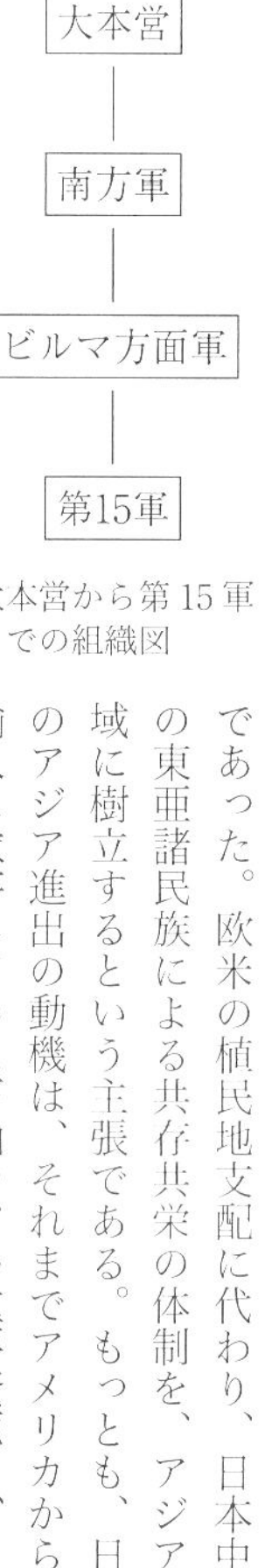

大本営から第15軍までの組織図

であった。欧米の植民地支配に代わり、日本中心の東亜諸民族による共存共栄の体制を、アジア地域に樹立するという主張である。もっとも、日本のアジア進出の動機は、それまでアメリカからの輸入に依存していた石油などの重要資源を、この地で手に入れるためであり、「大東亜共栄圏の建設」は、日本の行動を正当化するものとも言えた。

一二月八日にマレー半島に上陸した日本軍は、半島全域、そしてシンガポールを攻略した。並行して、イギリスの植民地だったビルマに進攻し、翌一九四二年三月に首都ラングーンを占領、住民から熱狂的な歓迎を受けた。ビルマのイギリス軍の戦意は低く、ほとんど戦いもせずに武器や物資を放り出し、撤退してしまう部隊も多かった。日本軍は予想を超える速さで進軍し、五月にはビルマ全土を掌握した。日本軍は、太平洋戦線、フィリピン、インドネシアでも快進撃を続け、泥沼の戦いに陥っていた中国戦線を除けば、「大東亜共栄圏」の範囲をほぼ手中にしたのである。

ビルマの占領が予想以上にうまくいったため、その余勢を駆って、同じくイギリスの植民地であるインドに進撃すべきだという構想が陸軍内部で持ち上がった。緒戦の経験から、イギリス軍の戦力を軽視していたのである。攻略目標のひとつが、ビルマを守備していたイギリス軍の拠点、インパールであった。

このインド進攻を最初に構想したのは、寺内元帥が率いる南方軍である。総司令部をシンガポールに置き、ビルマ、マレー、ジャワなど南方地域の作戦を統括した。ビルマ占領を成功させた南方軍は、イギリスからの独立運動に揺れるインド情勢を好機とみて、一九四二年八月五日「インド東北部に対する防衛地域拡張に関する意見」を正式に大本営に提出した。

その内容は「航空援蔣路の封鎖並に対「インド」工作」のために、わずか一個師団でインパールを越えてさらに西のアッサム州まで進出するという、荒唐無稽なものであった。敵の兵力を一〇個師団と予想しながら「其の戦闘力に至りては過般「ビルマ」作戦に於ける実力に想到するも推して知るべきものあり」と侮っていた。

意見具申を受けた大本営は、八月二二日、「大陸指第一二三七号」をもって、東部インド進攻作戦準備に関する指示を南方軍に示達。この作戦を「二一号作戦」と呼称した。作戦発起時期を同年一〇月中旬以降と予定した。

現場からの反対——保留になったインド進攻作戦

実は、政府や大本営など、日本の指導者層は、かなり早くからインドに目を向けていた。太平洋戦争開戦直前の一九四一年一一月、大本営政府連絡会議で決定された「対米英蘭蔣戦争終末促進に関する腹案」。「英の屈服を図る」方策として「「ビルマ」の独立を促進し其の成果を利導して印度の独立を刺戟す」とある。「対インド工作」は、戦争を有利に進めるための政略にもともと組み込まれており、ビルマ作戦の成功は、その絶好の機会と目されたのである。これが、インパール作戦の原点となった。

しかし、現場の指揮官たちは、このインド進攻計画にことごとく反対した。

まず作戦を疑問視したのは、南方軍隷下でビルマ防衛を担う第一五軍の飯田祥二郎司令官である。一九四二年(昭和一七)九月一日、南方軍から二一号作戦の準備命令が第一五軍に伝えられた。飯田司令官は、成算のない、無謀な作戦案だと感じた。当時の第一五軍の兵力で広大なインド東部を攻略するなど不可能であるし、何より、ビルマからインドに至る地勢が、作戦遂行を阻むと見ていたのである。

ビルマとインドの国境沿いを流れるチンドウィン河は、川幅六〇〇メートルにも及ぶ大河で、雨期になれば濁流は周辺に溢れ、往来は困難になる。

さらに、標高二〇〇〇メートルを超える山々が連なるアラカン山脈が、天然の要害となって、進入する者を拒む。

特に作戦地域は険しい山岳と狭い河谷に囲まれたジャングル地帯で、道路は極めて貧弱、人口も少ないため、大部隊の駐屯や食糧などの調達は極めて困難だった。さらに、雨期になればマラリアや赤痢、チフスなどの疫病が蔓延するといった悪条件が揃っていた。

二〇一七年七月、私たちはこの地域の雨期の実態を映像に収めるため、ヘリコプターによる空撮に挑んだが、離陸してもあまりの雨の激しさに引き返さざるをえず、二度目の挑戦で初めて国境沿いの大河と険しい山岳地帯を記録することが出来た。映し出されたのは、果てしなく続く鉛色の濁流と、光も差し込まないような暗い緑に覆われたジャングルで、日本では見ることのできない荒々しい自然の姿であった。

この地方の雨期は五月から一〇月までで、その降水量は世界一といわれる。私たちは当時の降水量のデータを入手したが、ある月の降水量は一〇〇〇ミリを超えていた。土砂崩れや洪水を招く凄まじい豪雨である。

飯田司令官は、この作戦を強行すれば、第一五軍の損害は計り知れないものになり、第一五軍の使命であるビルマの防衛も破綻しかねないと考えた。九月三日、隷下の師団の意見を聞こうと、第一八師団を訪れた。このとき、第一八師団の師団長を務めていたのが、牟田口廉也中将だった。

これが、牟田口中将が具体的なインド進攻構想に接した最初のタイミングであった。強気で知られた牟田口師団長であったが、飯田司令官の聴取に対し、「実行困難」と答えている。

牟田口中将の「回想録」に、その理由が綴られている。

「慎重に検討したうえでなければ責任のある回答はできないが、一挙に東部インドまで突進しようとするこの案は、後方整備の関係特に兵站道路の構築、補給体系の確立準備などの諸点からみて、あまりにも時間的余裕がなく、実現の見こみはないと思う」

ビルマ全土の制圧に貢献し、その地勢を知る第一八師団の指揮官としての、穏当な意見であった。しかしこの時、消極的とも言える意見を述べたことが、あとになって牟田口中将を作戦実行へと駆り立てていくことになる。

もう一つの隷下師団である第三三師団の桜井省三(さくらいしょうぞう)中将も、牟田口中将と同じ意見であった。飯田中将は、南方軍に対し、何度も作戦を見直すよう求めた。さらに、第一五軍高級参謀である片倉衷(かたくらただし)大佐が、南方軍の寺内総司令官のビルマ視察を要請するなど、反対の急先鋒となった。結局この時は、南方軍としても「二一号作戦」を「無期延期」とすることで落ち着いた。

ところが、作戦地域の地勢を考慮した現場からの懸念は、地図をもとにインド進攻を画策する大本営には伝わらなかった。そのことを示すエピソードがある。

飯田司令官は、二一号作戦がいかに困難であるか、大本営に忌憚(きたん)なく報告するよう、一〇月六日、第一五軍参謀長・諫山春樹少将を東京で開かれる会議に出席させた。

会議に出席した諫山参謀長は、

「二十一号作戦はとても困難な作戦で、わずか二コ師団ぐらいでアッサム州まで突進するのは危険である。袋たたきになるのが落ちであろう。現地軍としてはこの作戦には同意しがたい」

と述べた。会議には、大本営の杉山元参謀総長、田辺盛武参謀次長、若松只一総務部長らが列席していたが、いずれも渋い顔で聞いていた。田辺次長が、

「それは君の意見か、〔飯田〕軍司令官の意見か」

と尋ねると、諫山少将は、

「軍司令官の意見として特に報告せよと申されたわけではないが、わたしは軍司令官と起居をともにしているので、軍司令官の気持はよく承知している。今申し述べていることは、わたしの意見であるが、軍司令官の意見と一致していると確信する」

と、答えた。

翌朝、諫山少将は信じがたい言葉を聞くことになった。人事局長・富永恭次中将に

「田辺次長は昨日の君の報告を大変不満に思っている。〔略〕そのうち転任になるだろう」

と告げられたのであった。

後任として第一五軍の参謀長に着任したのは、中永太郎中将。のちに牟田口中将の作

戦構想を黙認することになる。

その後、南太平洋のガダルカナル島の守備隊が苦境に陥るなど、他の地域での戦況が悪化したため、一九四二年一一月、大本営は二一号作戦の保留を決定した。「中止」ではなく、あくまでも「保留延期」であった。作戦に反対していた第一五軍であったが、保留延期である以上は、作戦道路の構築や作戦計画の研究などを継続せざるを得なかった。

インド進攻作戦の再浮上

インド進攻作戦が再び浮上したのは、牟田口中将が第一五軍司令官に就任した一九四三年(昭和一八)の春であった。当初は、インド進攻について「実行困難」と消極的とも言える意見を述べた牟田口中将であったが、積極姿勢に転じていた。「回想録」によれば、以前は、飯田司令官の私案だと思って反対したが、そのことで南方軍および大本営の希望を覆し、戦意を疑わせ軍の威信を汚す結果になり、誠に申し訳ないことをした、と後悔したという。「今後は、上司の意図は手段を尽くして積極的にこれが具現を図らねばならぬ。将来いずれの日にか、再びアッサム進攻作戦が決行される機会もあろう。その時こそ断じて後(おく)れをみせてはならぬ……」と深く決意したのである。

つまり、インド進攻が大本営や南方軍の希望によるものであることを知り、態度を変えたというのである。ここにも、「上司の意図に背いていない」という、牟田口中将の一貫した姿勢が現れている。

同じ時期、連合国側は大規模な反攻の機会をうかがっていた。一九四三年一月、アメリカのルーズベルト大統領とイギリスのチャーチル首相は、北アフリカのモロッコで、いわゆるカサブランカ会談を行った。日独伊「枢軸国」に対する「無条件降伏」要求を決めた重要な会談だが、この席で、ビルマにおける反攻計画が合意された。大英帝国の威信をかけて、何としても植民地を奪回したいと考えていたイギリスと、中国の蔣介石を支援するための補給路、援蔣ルートの確保にこだわっていたアメリカの思惑が一致した形だった。連合国軍のビルマ奪回作戦は、同年一一月に開始することが決定された。

実際、ゲリラ戦で名高いイギリス軍のオード・ウィンゲート少将が率いる部隊がビルマに進入し、攪乱(かくらん)するようになった。

さらに、イギリス側は情報戦も展開した。インドのラジオが、「ビルマ奪回作戦のために大規模な上陸作戦を行う」と繰り返し放送するようになったのだ。航空戦力も連合国軍が優勢であった。

アラカン山脈とチンドウィン河は、日本軍にとっても、天然の要害であった。しかし、ウィンゲート部隊に進入を許した上、ビルマ奪回作戦をほのめかす情報戦を展開され、第一五軍は広範囲にわたる警戒を余儀なくされた。

連合国側の圧迫をひしひしと感じるようになった牟田口司令官は、ビルマを防衛するためにも、あえて攻勢に転じることが最良の策であると確信するようになる。そして、連合国軍の拠点であるインパールを撃つという構想に、前のめりになっていった。

牟田口司令官はさらに、「二一号作戦」をなぞるかのように、インパールの西に位置するアッサムへの進攻論までぶち上げるようになった。かつて大本営や南方軍の意図を知らずに「二一号作戦」に反対した消極的姿勢を、打ち消そうとするかのようであった。そして、この作戦によって、太平洋で悪化しつつあった戦況全般をも変えたいと、壮大な野心を抱いていくのである。

今回私たちがイギリスで発見した、牟田口司令官に対する連合国側の尋問調書には、当時の考えが語られていた。

「ビルマ北部の地形が特殊であることから、防御を完璧にする最善の方法は、インド東部に向かって西に突き進んでいき、敵の反撃が開始される場所、その大元を攻撃して全滅させることだと強く確信した。当時の太平洋地域の不利な状況を鑑みて、インドに対する攻撃作戦が、戦況の潮目を変える最も有効な計画だという強い信念が私にはあった」

参謀たちの懸念と反対

しかし、参謀たちは、かつての牟田口司令官と同じように、作戦に懸念を示した。中でも、牟田口中将の直属の部下である第一五軍小畑信良参謀長は、「チンドウィン河を越えて西進するのは行き過ぎで不当」と強く反対した。補給の困難さから、アッサムどころか、その手前のチンドウィン河を渡ることも「行き過ぎ」と判断したのである。

しかし、不幸だったのは、人事異動の関係で、小畑参謀長のみならず、多くの幕僚が「新任」だったことだった。一人の参謀を除いて、ビルマにおける歴戦者は牟田口司令官ただ一人という歪な組織構造になっていたのである。

牟田口司令官は、ビルマの諸般の事情を把握しているのは自分であるという自負から、新任の幕僚はビルマの緊迫した現状がわかっていないと考えた。そして、小畑参謀長以下、全幕僚を集めて、消極的な態度を強く難詰し、「この際攻勢に出てインパール付近を攻略するのはもちろん、できればアッサム州まで進攻するつもりで作戦を指導したい。従って今後は防勢的な研究を中止し、攻勢的な研究に切り換えよ」と訓示した。

そして、牟田口司令官は着任したばかりの小畑参謀長を更迭してしまう。

意に沿わない者を排除する牟田口司令官は、のちに、作戦中の三個師団長をすべて更迭するという陸軍史上初めての事態を引き起こすが、こうした姿勢の背景には、それまでの経歴が関係していると言われている。牟田口司令官は、中佐、大佐時代に、参謀本部の庶務課長として、参謀人事を扱っていた。この時に、人事異動について安易に考える傾向が身についたとされる。

小畑参謀長の後任となった久野村桃代少将は、牟田口中将の作戦構想を推進していくことになる。異なる意見を言えば更迭されてしまうのだから、任に留まりたければ、軍司令官の意図を奉ずるよりほかないだろう。

そんな牟田口司令官を、今度は上司の人事異動が後押ししていく。一九四三年三月、大本営は、連合国軍の反攻作戦に備え、ビルマにおける防衛体制を強化するため、ビルマ方面軍を新設した。ラングーンに置かれた司令部のトップの椅子に座ったのが、あの河辺正三中将だったのである。

河辺中将は、一八八六年（明治一九）富山県出身。陸軍士官学校一九期で、一九一五年（大正四）に陸軍大学校を卒業した。その際、成績優秀として天皇から軍刀を賜った、いわゆる「恩賜組」のエリートである。陸大の同期には、のちに陸軍で重要なポストを占める東條英機、今村均、本間雅晴がいた。その後、スイス駐在、参謀本部員、陸大教官、ドイツ大使館付武官を経て、一九三六年（昭和一一）少将に昇進し、支那駐屯歩兵旅団長に就任した。

河辺正三少将と牟田口廉也大佐（盧溝橋事件のころ）

前述のように、一九三七年の盧溝橋事件の時には、牟田口第一連隊長の直属の上司だった。日中衝突が全面戦争に展開していったこの難局に際して、二人は労苦を分けあい、互いに信頼を寄せるようになった。牟田口は河辺に兄事し、河辺も牟田口をかわいがった。

一九四三年四月二七日、河辺中将は、視察のため、メイミョーにある第一五軍司令部を訪れた。ここで行われた二人の会談で、インパール作戦が動き出すことになる。

片倉参謀のインタビューテープ

河辺中将と牟田口司令官との間で一体何が話されたのか。今回、この会談の内実を窺い知ることのできる、貴重な証言を得た。河辺中将の部下で、メイミョー訪問に同行したビルマ方面軍高級参謀・片倉衷大佐のインタビューである。前出の大田嘉弘氏が実施したものだ。

インタビューは片倉参謀が亡くなる二年前、一九八九年(平成元)一〇月に行われた。当時九一歳であったが、その眼光にただならぬものを感じたと、大田氏は綴っている。

片倉参謀は、一九三六年に起きた二・二六事件のとき、「天皇の軍隊を命令もなしに勝手に動かすとは、言語道断で国賊的行為である」と主張し、反乱軍の立てこもる陸軍大臣官邸に単身乗り込んだ際、ピストルで頭を撃たれながら反乱阻止に当たった将校として勇名を馳せた。満洲国建国や対ソ防衛に尽力し、論理と数学にも明るく、自他共に認める陸軍の逸材であった。その声の大きさから、当時の陸軍では最も怖れられる人物の一人だったという。


会談を巡るいきさつは、少々複雑である。片倉参謀は、二人の会談に同席するつもりで待機していた。しかし「牟田口軍司令官による河辺方面軍司令官への状況報告に際しては、陪席を遠慮してもらいたい」と告げられたという。

片倉参謀は、「方面軍司令官に随行中の私を除外して、状況報告することはあり得ない」と粘ったが、結局、会談に同席することはかなわなかった。しかし、会談に向かう河辺司令官にそっと耳打ちした。「牟田口司令官がインパール進攻に触れた場合には、私を必ず呼んで欲しい」と、伝えたのである。

しばらくして閉じられた扉の向こう側から、「リーン」という鈴の音が響いてきた。部屋に入り、対峙する二人の姿を見て、片倉参謀は驚いた。

正面の円卓には河辺中将、向かい側に牟田口司令官が座っていた。牟田口司令官は涙を流していたのである。片倉参謀は、「悲壮な場面だった」と振り返っている。

河辺中将の口から、インパール作戦についての牟田口司令官の構想が語られた。片倉参謀は、牟田口司令官の国家全局、戦争全般を思う気持ちは十分に理解できたが、航空戦力の歴然とした差、補給、交通の不整備による影響などを考慮すれば、現状の作戦計画はやはり無謀なものと考えた。上司の河辺中将に対して、アラカン山脈を越えるには、検討すべき問題が少なくないと率直に意見を述べた。第一五軍の独走を戒めた忠言が、河辺中将に受け入れられることを期待したのである。

ところが、数日後、河辺司令官は、片倉参謀にこう述べたという。

「なるべく牟田口のいうことを聞いてやってくれ。牟田口の意見はなお研究の余地があるが、方面軍唯一の軍司令官でもあり、盧溝橋時代の私の隷下の連隊長だ。何とかして、その目的を達成させてやりたい。君も考えて構想を練ってくれ」

理屈を抜きにした「人情論」であったが、実は、河辺中将は、すでにある人物からインド進攻を強力に打診されていた。首相の東條英機である。陸大同期の二人は、河辺中将が駐在武官補佐官としてスイスにいた時には、出張した東條が訪ねに行くなど、昵懇(じっこん)の間柄であった。

河辺中将は、ビルマ方面軍司令官としてラングーンに赴任する直前に、東條首相に面会していたのである。その席で、東條首相から切り出されたのが、インド進攻であった。

東條首相は、「日本の対ビルマ政策は対インド政策の先駆に過ぎず、重点目標はインドにあることを銘記されたい」と語った。

河辺中将がビルマ方面軍に着任する一カ月前の一九四三年(昭和一八)二月、太平洋・ガダルカナル島の戦いで敗北した日本軍の撤退が始まっていた。太平洋での日米の攻守は、完全に逆転した。そこで東條首相は、西部のビルマ、そしてインドに目を向けていたのだ。

片倉参謀によれば、河辺中将は、こう述べていたという(片倉衷『インパール作戦秘史』)。

「私が着任前、東条首相からビルマ政策は首相として対インド政策の一環として関心があり、また大東亜戦争全般の指導上・ビルマ方面に期待するという話し合いがあり、自分としても関心がある」

河辺中将は、ことあるごとに東條首相のインド進攻論を話題に挙げた。またもや、組織内の人間関係が絡む話であった。片倉参謀は河辺中将の私情が動いていると感じたが、「公私混同は許されないが、そうまでおっしゃるなら、一応研究してみましょう」と答えるしかなかった。

インド独立という大義——チャンドラ・ボースと東條首相

ここで、東條首相の対ビルマ・インド政策について、もう少し触れておきたい。

前述の通り、日本はイギリスを屈服させるために、「「ビルマ」の独立を促進し其の成果を利導して印度の独立を刺戟す」という方針を打ち立てていた。

一九四三年(昭和一八)八月、ビルマはバ・モーを首相として独立する。ただし、日本と「大東亜戦争完遂の為軍事上、政治上及経済上有らゆる協力を為すべし」とされた。

インド政策については、一九四二年二月、東條首相は国会で演説し、独立運動を促す方針を掲げた。

「印度もまた今や英国の暴虐なる圧制下より脱出して大東亜共栄圏建設に参加すべき絶好の秋でありますの〔略〕その愛国的努力に対しては敢て援助を惜しまざるものであります」

同じ頃に作成された陸軍極秘の、「対印度謀略案」によれば、マレー、ビルマでイギリス軍の捕虜として「獲得せる帰順印度兵を育成」、「印度内に侵入せしめ印度部隊幹部、政治団体有力者に対する連絡「テロ」工■宣伝等に任せしめ」るとある。

そのリーダーと目されたのが、日本の同盟国ドイツに亡命していたインドの独立運動家、チャンドラ・ボースであった。ボースは、「帰順印度兵」を中心に結成されたインド国民軍の司令官となり、一九四三年一〇月に日本占領下のシンガポール(昭南市)で、自由インド仮政府の樹立を宣言、米英に宣戦布告した。日本の後押しでインド独立を成し遂げようとしたのである。

この間、東條首相とボースは会談を重ねている。一一月には、日本占領下の国々が東京で一堂に会した「大東亜会議」出席のために来日、陸軍の杉山参謀総長から「印度作戦」について聞かされた。その後の東條首相との会談で、インド国内に橋頭堡を築くことへの期待を述べた。

「此の占領行政にして成功せば、他の印度地域には革命乃至社会不安が起り来るものと思う」

東條首相とボースはウマがあったと言われるが、この会談では、東條首相がインドへの支援に関し、親が子にするように、見返りは求めないと発言し、爆笑を誘っている。

太平洋戦線での後退を余儀なくされる中で、インドの独立を刺激し、イギリスを揺さぶる政略の重要性は増していった。そのタイミングで重要な地位に就いたのが、ビルマ方面軍の河辺司令官であり、第一五軍の牟田口司令官であった。

〝反対した者はいない〟

東條首相、河辺司令官、牟田口司令官という人脈の中で進んでいったインド進攻計画。その構想に反対の声を上げたのは、先の第一五軍の小畑参謀長や、ビルマ方面軍の片倉参謀だけではなかった。ビルマ方面軍の上部組織、南方軍の総参謀副長、稲田正純少将も、牟田口司令官から説明を聞き、「牟田口中将の考えは危険だ。よほど手綱を締めてかからねば大変なことになりそうだ」と、阻止に動いた。参謀という、各組織のキーマンが反対しながら、それでも、作戦が強行されたのは、なぜなのか。

牟田口司令官の計画は、敵を急襲して食糧や武器・弾薬を調達、いわば雪だるま式に物資を増やしながら、インドに攻め込んでいくというものだった。これは、マレーやビルマへの進攻作戦で、イギリス軍が破棄した大量の軍需品を入手したという経験に基づいていた。満足な装備を持たなくても、わずか三週間でインパールを攻略できるという、極めて都合の良い作戦計画であった。

稲田総参謀副長は、牟田口司令官の構想を初めて聞かされた時の感想を、次のように回想している。

「インパール作戦を強硬に主張しているのは、牟田口中将一人であろう。その真意は単なる限定攻撃ではなく、できればアッサム平地への突進を考えているようだ。インパール作戦そのものも、地形を無視した方法を強行しようとしている。牟田口中将の考えを阻止しようとしているのは現在のところ方面軍では片倉参謀だけであるから、南方軍としてはこの際強力に統制し、無謀な作戦はあくまで拘制せねばならぬ」

稲田総参謀副長の申し入れによって、一九四三年(昭和一八)六月二四日から四日間、ラングーンのビルマ方面軍司令部で、第一五軍のインド進攻作戦案について兵棋演習が行われた。

作戦が想定通りに進むのかを、図上でシミュレートするのである。

演習には、南方軍の稲田総参謀副長をはじめ、東京の大本営から竹田宮、近藤伝八両参謀が参列した。現地のビルマからは、方面軍の司令官以下参謀全員、第一五軍の牟田口司令官、久野村参謀長以下、主任参謀全員、第一五軍隷下各師団の参謀長、作戦主任参謀が集まった。

牟田口司令官は自信満々だったというが、インパールを越えてアッサムまで進攻する案は、全面的に否定された。牟田口司令官の部下である第一五軍の木下秀明参謀がアッサム進攻を説明した際には、ビルマ方面軍の片倉参謀が「補給も考えず夢のようなことを言うな」と激しく反論した。他の参謀も同様の意見を述べ、批判の的となった木下参謀は涙を流した。

さらに牟田口司令官の「糧は敵による」という考えが槍玉に挙げられた。南方軍の稲田総参謀副長は、中国大陸での戦闘のような「収奪」可能な条件を前提としていると強く非難し、現代戦における補給の重要性を説いた。

演習の最終日、ビルマ方面軍の中永太郎参謀長が、「〔第一五〕軍の構想には多分の危険性が感ぜらる」と講評し、稲田副長も、許可をしがたいと結論した。

ところが、牟田口司令官は全く諦めていなかった。驚くべきことに、牟田口司令官は、しばしば演習を不在にし、部下の木下参謀が涙を流した時も、最終日の講評の時も、その場にいなかったのである。講評の時は「遠慮して列席しなかった」というが、理解しがたい振る舞いである。

演習後の夜、牟田口司令官は大本営の竹田宮参謀を訪ね、認可を願い出た。しかし、竹田宮参謀は不可能だと明言したとされる。後日、竹田宮参謀から兵棋演習の報告を受けた大本営の真田穣一郎（さなだじょういちろう）作戦課長は「無茶苦茶な積極案」という印象を受けている。

ところが、不可解なのは、兵棋演習の結論であった。イギリス軍の反撃を考慮すれば、「インパール平地における敵の策源覆滅を作戦目的として自主的に進攻すべきである」との結論に、演習に参加した大本営、南方軍、ビルマ方面軍も合意した形となっているのである。

つまり、補給やアッサム進攻という点において、牟田口司令官の案には問題があるが、

「ビルマを防衛するために、インパールを攻略することは可能である」という結論を、演習に参加した全員が下したのだった。

前述の通り、インド進攻の重要性が増す中で、進攻自体を「否」とすることはできなかった、ということなのであろうか。

牟田口司令官の作戦構想を「危険」だと強く批判、否定した南方軍の稲田総参謀副長は、戦後の回想で、次のように述べている。

「敵に遠く南方でチンドウィン河を渡り、軍主力で南方から敵を巻きあげてゆき、一部で北方から退路を脅かすようにして、力の続く範囲内で敵を押してゆく、たとえインパールが取れなくとも、インドの一角に立脚してチャンドラ・ボースに自由印度の旗を掲げさせる。これだけでも相当の政治的効果を収め、東條首相の戦争指導に色をつけることにもなり得よう。これがわたしの考え方であった」

兵棋演習の翌月、稲田副長は、東京で東條首相と会談、「現情勢上インパール作戦はできれば実行すべきものと考えます。しかし(略)無理はできませんから、南方軍で十分監督し、筋の通らぬことは絶対にやらせませんから御安心願います」と説明している。

東條首相の答えは「無理をするなよ」というものだった。作戦を司るのは杉山参謀総長であり、東條首相は可否を述べる立場にはなかった。

兵棋演習で「夢のようなことを言うな」と作戦を痛烈に批判した片倉参謀も、先に紹介した軍事研究家の大田嘉弘氏の質問に対し、こう答えている。

筆者〔大田氏〕は、片倉大佐に兵棋の目的と結論をたずねた。目的は何か？

「ラングーン兵棋はあくまで〔ビルマ〕防衛が主眼である」

インパールが奪れなかった場合は？

「兵棋においてインパールが奪れないという想定はなかった。インパールは攻勢に出た以上は必ずとれると……ハイ」

そして大田氏は、次のように記している。

「今日、不思議と思えるとしても、当時ビルマ方面軍、南方軍にあって作戦に関して責任ある人物にして、インパールに対する攻勢について反対した者はいない。もちろん、第十五軍幕僚にはいない」

曖昧な〝作戦認可〟

玉虫色とも言える決着は、牟田口司令官にとって都合のよいものだった。「回想録」

にこう綴っている。

「ラングーン演習において、第十五軍の抱懐していたアッサム進攻構想が自然に封印された。私はその時次の疑問を持った。

二十一号作戦が中止されたとき、第十五軍の兵力の移動や軍需品の集積などは禁じられていたが、二十一号作戦の研究は続ける任務があった。

大本営、南方軍は依然として、二十一号作戦のような作戦(アッサム進攻)を事情が許すならば実現したい考えであるのか否か、が私の知りたいところであった。

しかし、私はそれを確認することはしなかった。

私が当時上司に質問し、私の考えが上司の意図(アッサム進攻を行わない)に反することになっていたならば、私の進攻作戦の考えも随分変わっていたことであろう。しかるに私はそれを確かめることをしなかった」

兵棋演習から一カ月が経った、八月初旬、大本営はインパール作戦準備を南方軍に指示した。南方軍は、八月七日にビルマ方面軍に対し、そして方面軍は八月一二日に第十五軍牟田口司令官に対し、それぞれインパール作戦の準備を指示した。

その内容の解釈にも齟齬が生じた。

「第十五軍は(略)重点を「チンドウィン」河西方地区に保持しつつ一般方向を「インパール」に向け攻勢を執り」、「「コヒマ」附近の要衝を占拠し持久態勢を確保す」(原典普通に読めば、チンドウィン河を渡り、インパールを攻略した後、コヒマ付近で持久態勢に入る、という解釈になるだろう。しかし、牟田口司令官が狙うアッサムも、チンドウィン河西方と言えなくもなかった。

兵棋演習で批判され、涙を流した第一五軍の木下参謀は、この指示を後にこう批判している。

「ほとんど信仰化している軍司令官のこの作戦構想を根本から変更させることは、余程のことがなければ不可能である。「重点をチンドウィン河西方地区に保持し」という表現はまことに漠然たるもので、一歩チンドウィン河を渡れば、どこでも西岸である。すなわち、方面軍の意図を十分のみ込んでいる者にはわかるが、牟田口将軍にはわかるはずがない。〔略〕

もしこの正式の命令で方面軍の意図する作戦構想がなんら疑問の余地のないほど明確に示されていたら、牟田口将軍といえども再考せざるを得なかったであろうと思われる。なお、わたしが方面軍の意図するところを了解しながら、軍司令官に強く意見を申し述べなかった点は非難されようが、わたしの見解によって方針を変えられるような軍司令官ではないことを理解してもらいたい」

準備指示の一カ月後の九月一一日、一二日、シンガポールで南方軍参謀長会同が開かれた。第一五軍からは、インパール作戦に反対して更迭された小畑参謀長の後任、久野村参謀長が出席した。

久野村参謀長が示した作戦案は、兵棋演習の時のものと大差は無かったが、南方軍に対して承認を求めた。

同席したビルマ方面軍の中永太郎参謀長が加勢した。

「第十五軍が練りに練って決めたことだから第十五軍の思うようにやらせてくれ」

前述の通り、中参謀長の上司、ビルマ方面軍の河辺司令官は、牟田口司令官と個人的に親しく、その「熱意」や「純情」にほだされ、作戦決行に傾いていた。河辺司令官は日記にこう記している。「彼の熱意愛すべし　牟田口中将の信仰的熱意には敬服せざるを得ず」。軍事的合理性よりも組織内の人間関係が優先された訳である。

結局、南方軍総司令官の寺内寿一元帥も作戦を認可した。強く反対していた稲田総参謀副長が、人事異動のため、南方軍を去った後のことであった。

後任となった綾部橘樹副長の回想によれば、作戦案について、「元帥は終始一言も発せられることなく黙々として聴取せられ、終わりに「大本営の認可を得るように」と発言せられたのみであった」。

寺内元帥の考えは、「牟田口が信念をもってやるというなら思うようにやらせたらよいではないか」というものであったという（上法快男編『元帥寺内寿一』）。

一九四三年一二月、インパール作戦の計画案が大本営に提出され、最終的な検討が行われた。その内容を記録した資料が、イギリスに残されていた。

会議の議長は参謀総長の杉山元元帥が務め、参謀次長の秦彦三郎中将、第一作戦部長の真田穣一郎少将、第一作戦部作戦課長の服部卓四郎大佐らが出席した。

南方軍から参加した綾部総参謀副長の説明に対し、真田少将と服部大佐は、南方軍の作戦案について、以下の問題点を挙げている。

（i）攻撃を支援するには不十分な空軍力

（ii）攻撃（態勢）を維持するには兵站と輸送が困難

（iii）一極集中型攻撃のために三・五師団の戦力を限定的に注ぐには、ビルマ地方の軍全体の兵力が不十分

（iv）アラカンにおいて、連合国軍が海から上陸してくる脅威に対抗できなくなる危険性

（v）日本からの援兵や交代兵が全く見込めない

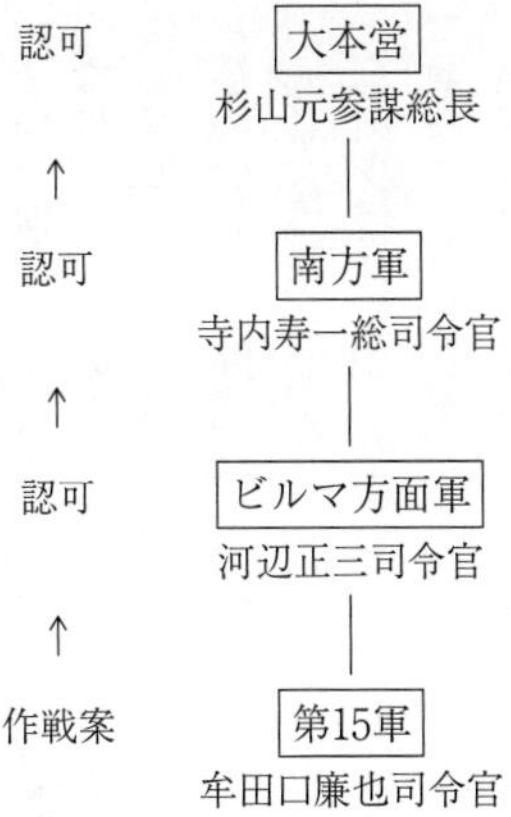

認可　大本営　杉山元参謀総長
↑
認可　南方軍　寺内寿一総司令官
↑
認可　ビルマ方面軍　河辺正三司令官
↑
作戦案　第15軍　牟田口廉也司令官

インパール作戦　認可関係図

ビルマ防衛には柔軟かつ強靭な戦略持久作戦が必要であり、「一六勝負」に出てはならない、というのが、真田少将の考えであった。ところが、客観的な分析は「人情論」によって流されていってしまう。真田少将が残した手記を要約してみよう。

綾部副長は、問題点を指摘する真田少将にこう懇願した。

「作戦全域の光明をここに求めての寺内元帥の発意であるから、まげて承認願いたい」

真田少将は、「そのことは大本営の考えることで、〔略〕わたしは所信をまげることはできぬ」と反論した。すると座がシラけてしまったという。

話がかみ合っていないのだから、議論が進まなかったのだろう。しばし休憩となった。すると、議長の杉山参謀総長が、真田少将を別室に呼んだ。そしてこう告げた。

「寺内さんの初めての要望であり、〔略〕なんとかしてやらせてくれ」

真田少将は記す。「結局杉山総長の人情論に負けたのだ」

「南方軍総司令官は〔略〕敵を撃破して「インパール」附近東北部印度の要域を占領確保することを得」

一九四四年〔昭和一九〕一月七日、「大陸指第一七七六号」をもって、ついにインパール作戦の発動が決まった。その紙には、総長以下、大本営の数々の参謀たちの押印がある。

その一人に、戦後に政財界で大きな存在感を示した瀬島龍三（せじまりゅうぞう）氏がいる。当時、大本営作戦参謀であった。経緯について、こう語っている(大田嘉弘『インパール作戦』)。

「当時、寺内元帥が南方軍に対し作戦実施を認可するよう大本営に要請されたとき、日本軍の統帥としては、まず拒否できない。現地から大丈夫だからやりたいということを認可しない訳にはいかない。しかし、大本営は〝やれ〟という命令ではないが、〝大陸指〟として認可した。認可はするが、不同意であるということを私は大本営参謀の一人として考えていた」

大陸指第1776号(防衛研究所戦史研究センター所蔵)

瀬島氏がこう語るのには訳がある。大本営による命令は「大陸命」によってなされる。大陸命は包括的な命令であり、天皇の決裁が必要である。一方の「大陸指」は個別の指示であり、天皇に報告するだけでよい。インパール作戦の大陸指には、「要域を占領確保することを得」とある。命令というよりは「することができる」という表現であって、現場に任せた、というのが大本営のスタンスなのである。

大本営から第一五軍まで、戦場の現実とは離れたところで、曖昧な意思決定が積み重ねられていった。プロセスが曖昧であれば、その責任もまた曖昧になるか、スケープゴートのように個人に集中するのが常である。インパール作戦の場合、その強烈なキャラクターと相まって、牟田口司令官ばかりに非難が集中した。

しかし、本章冒頭でも記したように、牟田口司令官はこう言うのである。

「私は決して、南方総軍および方面軍河辺将軍の意図に背いて作戦構想を変更し、我を通した考えはみじんもないことを、ここに明言する」

第２章
度外視された“兵站”

雲海に煙るアラカン山脈

チンドウィン河へ

日本製の中古のエンジンがポンポンと小気味よい音を立てる。木造の客船は穏やかな水面をゆっくりと進む。ミャンマー北西部、インドとの国境地帯を南北に流れるチンドウィン河は、全長八八五キロ、川幅六〇〇メートルにも及ぶ大河だ。七〇年以上前、インパール作戦は日本軍がこの川を渡るところから始まった。

チンドウィン河の水はいつも黄褐色に濁っている。清流に慣れている日本人から見ると、その水は一見汚いが、実はそうではない。ヒマラヤの雪解け水が数千キロを流れ下るうちに、上流から栄養分をたっぷりと含んだ土を削り取り、黄褐色の流れとなるのだ。こうした川の流域は肥沃な農耕地帯となり、人々の暮らしを数千年にわたり支えてきた。同時に川は「ハイウェイ」となって人々の交流を進め、多様な文化を育んできた。インダス河やガンジス河、メコン河しかり。アジアの大河はまさに文明の揺りかごといえるのだが、チンドウィン河もまたそうした川のひとつなのである。しかし、初めてこの川を見た日本兵は、その色と大きさに度肝(どぎも)を抜かれたのではないだろうか。

私たちが撮影用にチャーターした船は、全長二〇メートルのヤダナーピョウ号。「宝がいっぱい」という意味だ。船長を二人の船員がサポートし、普段は乗客を満載して川沿いの町から町へ三、四泊しながら航行する定員一〇〇名の定期船、いわばチンドウィン河の長距離バスだ。舳先(へさき)には赤褐色の若葉をつけたビルマ語でタビエと呼ばれる木の枝が筒に挿してある。長い航行の安全を祈願するためのお守りだという。

目覚ましい経済発展を続けるミャンマーだが、奥地ともいえるこの地域の暮らしは、まださほど昔と変わらないように見える。航行する船から岸辺を眺めると、川が削り取った断崖絶壁や緑深いジャングル、黄金に輝く寺院や水を飲む牛の群れ、川で洗濯をする女性たちや水遊びを楽しむ子供たち。どこか懐かしい風景が現れては消えてゆく。

今も多くの村には電気も水道もない。私たちが泊まった町のゲストハウスの多くも、発電機によって電気をまかなっていた。電気が使用できるのは日が暮れてから深夜までと時間が限られている。水道はないため、川の水をバケツに貯めて濾過(ろか)した水でシャワーを浴びた。今でもこのように発展から取り残されている地域に、七〇年以上前に戦争をしにやってきた日本兵たち。彼らはいったいどのような気持ちで、ここで何をしていたのか。そして、現地の人々はどのように感じていたのか。日本軍の足跡を探す旅が始まった。

日本軍の足跡を訪ねて

チンドウィン河南部西岸の町、カレイワ。日本軍第三三師団が一九四四年三月八日に渡河し、インパール作戦の端緒となった地域だ。このカレイワの寺の僧侶から、対岸（東岸）のシュエジン村に日本軍の駐屯地があったと聞き早速船で向かった。シュエジン村の岸辺にはこの地域伝統の竹筏が数多く浮かび、水牛が木材を綱で引いていた。上陸して集落に上がっていくと、村人たちが集まってきた。私たちが日本人だとわかると、古い武器のようなものをどこからともなく持ってきた。日本軍の銃剣だという。鞘（さや）は朽ち果ててもう残っていない。他にも武器の一部のようなものを持ってくるが、中にはイギリス軍のものもあるようだ。

「イギリスとインドの軍隊がこの村にいた時、日本軍がやってきてここで激戦がありました。イギリス軍は激しく抵抗しましたが、最後には川を渡って敗走していきました。村の家屋や仏塔も破壊され、村人にも多くの犠牲者が出ました」

村長のウー・テン・マーさんの話では、この村には当初イギリス軍が駐屯していたが、やがて日本軍がやってきてイギリス軍を追い払い、新たに駐屯地を造ったのだという。

村長の案内で集落の奥に入っていくと、道沿いの崖の中腹に日本軍の壕の跡だという穴が開いていた。こうした壕は各地で見たが、当時のイギリス軍によるすさまじい空爆から身を守るためのものだったと推測される。集落の外れには、青々とした田んぼが広がっていた。ミャンマーもまた日本と同じく米を主食としている。ミャンマー料理では一度の食事に多くのおかずが供されるが、それは全てご飯をたくさん食べるためのものだという。米の種類は長粒種のいわゆるインディカ米で日本の米とはやや違うが、日本軍の兵士たちも戦地で米が食べられることには喜んだに違いない。シュエジン村に駐屯していた日本軍も食糧倉庫を造っていたという。

「私の母は子供時代に日本軍の食糧倉庫からいろいろなものをもらったと聞いています。魚や肉、コンデンスミルクの缶詰などです。ただ、日本兵にもらったものであるにもかかわらず、盗んだのだと疑われて日本軍に殺された人もいたそうです」

インパール作戦開始前夜、日本軍は村々で米を中心に食糧の備蓄を急ピッチで進めていた。日本軍の駐屯した村では、当時を知る人の多くが日本軍の兵士と交流した懐かしい思い出を語る一方で、日本軍がいたおかげで戦争に巻き込まれてひどい目にあったという話もよく聞いた。

村人たちが見た日本兵の姿

カレイワから北に四五キロの西岸にあるモーライク。ここもまた日本軍が駐屯していた村のひとつだという。日本軍の足跡を求めてこの村の最長老のひとりを訪ねた。風通しのよい高床式の木造家屋を二階に上がっていくと、両手を床につきながら上半身だけで前に進んでいく元気なおばあさんが出迎えてくれた。テイン・チーさん、八八歳。今は足が悪く歩くことはかなわないが、頭の回転は速く記憶も確かだ。日本軍が村にやってきた時は、まだ少女だったという。

「覚えている日本語は、〝ありがとう〟とか、〝砂糖〟とか、〝バナナ〟とか、〝恋人〟とかですね。〝たばこください〟も覚えています」

テインさんの記憶にあざやかに残っているひとりの若い日本兵がいるという。

「ジローという日本兵は、冗談ばかり言って面白い人だったので、私たち現地の子供たちの間で大変な人気者でした。二〇代の若い兵隊さんでした。彼は子供が大好きで、いつも私たちと遊んでいたから、私たちはジローから日本語を教えてもらったのです」

ジローもまた必死にビルマ語を学ぼうとしていたという。

「ジローのビルマ語がすごく訛っていて面白いので、私たちはいつも彼をからかって大笑いしていました。例えば〝大便〟と〝小便〟を間違って言ったりするので大笑いです。またある時はジローが〝ニワトリ〟というビルマ語を話したいのだけれど、発音が悪いので私たちが理解できないことがありました。そうすると彼は〝コケコッコー〟と鳴き声の真似をして、お尻から卵を産むような手振りをして説明するから、みんな腹を抱えて笑いましたよ」

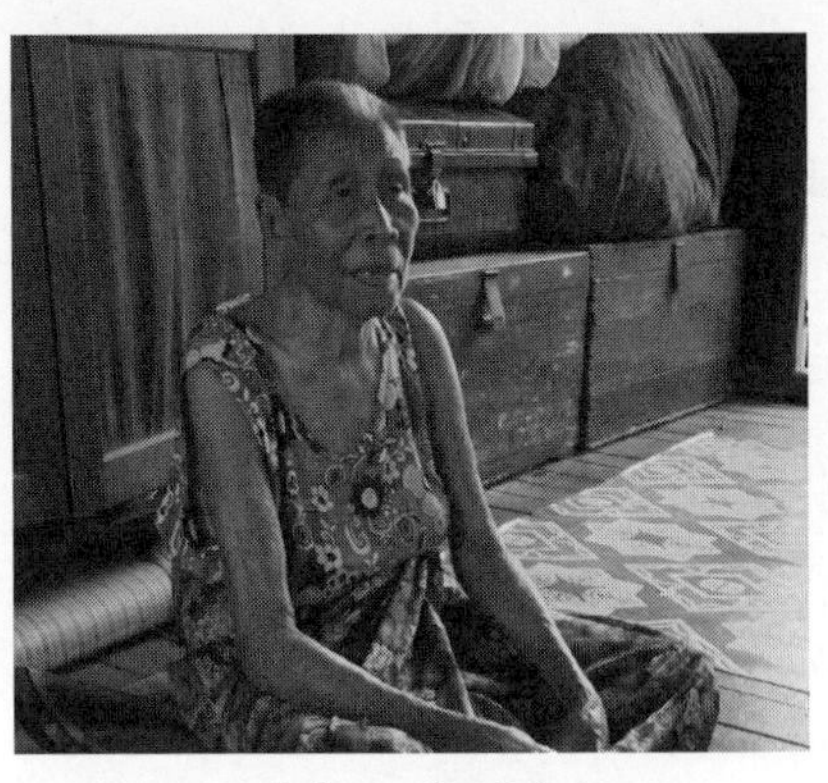

テイン・チーさん

ジローがモーライクに滞在したのはわずか数カ月だったのではないかとテインさんは言う。やがて、「インドに行く」と子供たちに別れを告げてジローは旅立っていった。その後、ジローが村に戻ってくることはなかったという。戦史書には描かれることのない戦場での日本兵のリアルな姿の一端が浮かび上がった。彼らは日本各地から召集されたまだあどけなさが残る若者たちだったのである。

日本兵との懐かしい思い出を語る一方で、テインさんは日本軍による残虐な行為もまた記憶していた。モーライクでは日本軍の憲兵隊が多くの中国系住民を逮捕・連行して殺害したという。テインさん自身、父親が中国系の血を引いていた。

「事の発端は、建設会社を経営していた裕福な中国人が所持していたラジオを日本軍に見つかったことでした。そのラジオは無線としても使えたので、スパイの容疑をかけられたんです。他にも中国人のスパイがいるはずだからみな殺してしまえという話になりました。近所で質屋をやっていた中国人の家族も殺されました。モーライクの中国人が大勢殺されたという話を聞いた時には、自分も中国系の血を引いているのでとても怖かったです。知り合いの中国人はビルマの僧侶の服装をしてお経を唱えて日本軍から隠れていました。幸い私たちの家族は殺されることはなく終戦を迎えました」

日本軍の憲兵隊の手伝いをしていたター・ジーさん(九六)は、憲兵隊による住民への拷問を目撃していた。

「一般の日本兵はみな優しかったけれど、憲兵隊は残酷でした。ペンチで住民の爪をはがしたり、手を縄で縛って天井から吊るして放置したり、顔にタオルを巻いて水を浴びせたりしていました。みなイギリスのスパイだという疑いです。ろくに取り調べもせずに、住民の前で見せしめのために拷問していました」

モーライクよりさらに北上すると、西岸にタウンダットという古い町がある。ここにも日本軍の足跡が残されていた。長老、ルー・メェンさん(八七)を訪ねると、日本軍の鉄兜と水筒、飯盒(はんごう)を見せてくれた。戦後、こうした日本軍の武器や装備品がこの地域には数多く残された。高射砲や戦車の装甲などは貴重な鉄くずとして売買された。一方で、装備品は現地の人の道具として重宝されていたようだ。

「農作業に行くときに飯盒を携行して料理道具としてよく使いました。畑にレンガを三つ置いて、そのうえに鉄兜を置けば鍋代わりになります。水筒も湯を沸かすのに使いました」

飯盒はもともとミャンマーにはなかったものだったようで、特に重宝されたようだ。現地の人々は日本語の発音のまま、「ハンゴー」と呼んでいた。戦争の装備品が、戦後現地の人の役に立ったとは皮肉な話だが、現地の人々の多くが、もし日本兵の遺族が訪ねてきたらこうした遺品を返してあげたいと語っていた。

戦争準備と食糧調達の実態

チンドウィン河沿いの村々に駐屯していた日本軍は当時、ここでインパール攻略のための準備を進めていた。やはり日本軍の駐屯地があったという西岸のトンへという村で取材していた時のことだ。日本軍の手伝いをしたという老人がいると聞き、訪ねた。

「日本兵は私たちのことを〝ビルマ〟と呼んでいました。そして、〝日本、ビルマ、同じ〟とよく言っていました。たぶん、私たちは仲間だ、味方だという意味だと思いました。イギリスの軍隊が来たらこっそり教えてくれという意味だと私は理解していました」

八七歳のタン・テンさんは当時、日本軍相手にバナナやパパイヤ、キュウリなどの食糧を売っていたという。日本軍がインドへ向かう山越えの道路を造る工事にも駆り出され働いたという。タンさんは当時日本軍からもらったという軍票を見せてくれた。いつか日本人が来たら買い取ってもらおうと思って大切に保管してきたという。

当時日本軍は占領地ビルマの通貨として軍票を発行し、食糧や資材の調達、労働の対価として現地の人々に支給した。こうした軍票は日本が戦争に敗れたことで紙切れとなり、多くの村人が戦後暮らしを立て直そうにもお金がなく苦しんだという。

いちばん困ったのは、日本軍に牛などの家畜を徴発された人たちだ。ビルマの奥地で行われたインパール作戦では食糧の補給がままならないため、現地調達が基本とされた。そのため日本軍はチンドウィン河沿いの村々で強引な食糧調達を行っていた。第三一師団が駐屯した西岸のケッタ村では、大規模な牛の徴発が行われたという。ケッタ村は今でも広大な水田を擁し、この地域では人口も多く裕福な村として知られる。牛や水牛など農耕に使われる家畜の数も多い。九三歳のドー・テーさんは当時のことをこう証言する。

「日本軍が村の各家にやって来て、牛を連れて行きました。その後、私たちの大切な牛が帰ってくることはありませんでした。途方に暮れるしかありませんでした」

タン・テンさん

ドー・テーさん

〝ジンギスカン作戦〟に翻弄される兵士たち

日本軍はなぜ大規模な牛の徴発を行っていたのか。それは、牟田口司令官の秘策〝ジンギスカン作戦〟のためであった。以下、戦後の本人の弁である（「牟田口廉也政治談話録音」）。

「食糧そのものが歩いてくれるのが欲しいと思いまして、私、各師団に一万頭ずつ羊と山羊と牛を携行させてやったのでございますが、それが実は途中でその動物が倒れまして、実際はあまり役に立ちませんでありました」

私たちは、当時の状況を証言してくれる人を各地で探した。戦後七〇年以上が経過し、元兵士は九〇歳を超えている。面会ができても、当時のことを話してくれる人はごくわずかであった。

そうした中、北のルートからインド・コヒマを目指していた第三一師団の兵士だった望月耕一（もちづきこういち）さん（九四）に話を聞くことができた。

望月さんは、妻のとくさん、長男夫婦とともに静岡市で暮らしている。私たちが訪ねた時、夫婦で玄関まで温かく出迎えてくれた。望月さんは九〇歳を超えているとは思えないほどお元気で、当時の細かな出来事も明瞭に記憶していた。

望月さんの元に赤紙（召集令状）が届いたのは一九四二年のことだった。お茶やミカン、米などを栽培していた望月さんは、その時の気持ちを、〝逃げ出したい気持ちになった。戦争には行きたくなかったが、国の命令だから仕方がなかった〟と、長男の妻・芳美さんに語っていた。望月さんは、四人姉弟のうちのただ一人の男だった。出征の時に撮影された写真の表情には、不安とともに諦めにも似た覚悟があらわれていた。

望月さんは、南支那方面軍第一〇四師団などを経て、一九四三年四月に第三一師団の衛生隊に転属になった。ベトナム、カンボジア、バンコクを経て、九月にビルマ・ラン

望月耕一さん

グーンに上陸。一九四四年三月に始まったインパール作戦に参加することになった。〝ジンギスカン作戦〟について語ってくれた。

「集めた牛や羊は、何万だからね、数がすごかった。〝畑やる牛から何もかも日本軍が軍票を払って持って行って、もうビルマに牛なくなっちゃって、仕事できなくなっちゃった〟って、ビルマ人が嘆いていた。それぐらい、すごい数だった」

集めた牛や羊は、兵士一人で二頭ほど引いて歩いた。一九四四年三月一五日、目の前に立ちはだかるチンドウィン河を渡ることになった。

「雨期でないから、まだ雨はあまり降ってないもんで、チンドウィン河の水もいくらか少なかったけどね、それでも大きな川だからね。船と言ったって、そんな大きな船じゃない。板がはってあるだけで囲いなんてない。そこに、みんな牛を乗せた。もちろん、人間も兵隊も乗った。牛が嫌がって大暴れする。それを扱う我々は、みんな素人だから抑えようとしてもうまくいかない。そのうち、暴れる牛と一緒に川に落ちてしまう。牛も沈んだけど、兵隊も相当沈んでしまった。みんな流された」

作戦開始からつまずいた形となったが、望月さんは、前途を疑っていなかった。

「その頃はまだ勝つと思ったね。勝つっていうか、無我夢中だったね。新兵だったんで軍隊の様子がわからないし。上からも細かい話は何もなかった」

しかし、行軍は予定通りには進まず、望月さんは空腹に苦しむようになっていった。

「食糧は二〇日分まとめて持ったけど、もう毎日食べていくのでなくなっちゃってね、なかなか食べ物が十分にないもんで腹が減っていく」

望月さんと同じ第三一師団歩兵第五八連隊の分隊長、佐藤哲雄さん(九七)は、牛や羊を引き連れての渡河を指揮した。

「とりあえず一週間、二週間分の食糧の代わりとして牛が配給になったんだわ。川の流れが強いために牛が騒ぐもんだから、鼻環(はなかん)切れたり、ロープが切れたり、向こうへ着くのは半分ぐらいしかいなかったんだわ。日暮れからすぐ行動を開始したけども、渡りきるまでは、夜が明けるちょっと前だな、そのくらい時間かかった。

佐藤哲雄さん

それで今度は山越えでしょ。〔牛たちは〕食うものないから、山越えるまでには、そのまた半分ぐらいになっちまったんだ。だから、結局最後に兵隊のところに配置になった牛なんて、ほんのわずかずつしかいなかったんだわ」

想像以上に牛の扱いに手こずったことを、佐藤さんは記憶していた。

「みんな、こんな牛持ってって、足手まといになるから却ってダメじゃないかという意見が多かったんだけども。上からの命令である以上は連れて行ったけれども、面倒くさくなれば牛を放してしまう。そうすると牛はどこでも行ってしまう」

牟田口司令官が自ら考案した〝ジンギスカン作戦〟は、絵に描いた餅だった。大河と峻険な山を三週間で踏破し、敵の拠点を攻略するという前例のない作戦に、兵士たちは苦悶していった。

小畑参謀長の罷免

二〇〇〇メートル級の山脈を越え、六〇〇メートルに及ぶ大河を渡りながら進軍する無謀な作戦。それに対し、作戦実施の一年前に、補給路の確保が困難であるという観点から異を唱えた人物がいた。第1章でも言及した第一五軍の参謀長、小畑信良少将である。小畑少将は大阪に生まれ、陸軍大学校を卒業したのち、大本営の参謀や近衛師団の参謀長などを歴任。一九四三年(昭和一八)三月に参謀長として第一五軍に赴任した。兄には第三一軍の司令官としてグアム島で戦死した小畑英良(おばたひでよし)陸軍大将がいる。

私たちが小畑少将の娘、道子さんに初めてお会いしたのは、夏の昼下がりのことだった。道子さんは東京のグループホームに入所していて、私たちが着くなり大事にしてきたという一枚の写真を見せてくれた。そこには、ひげ面の小畑少将が写っていた。「日本に帰ってきたときの顔なの」。後に、第四四軍の参謀長として満洲国の奉天(現在の瀋陽)で敗戦を迎えた小畑少将はシベリアに抑留された。一一年間のシベリア抑留から日本へ帰ってきた小畑少将は、ビルマでの経験の詳細を生涯家族に語ることはなかったという。

小畑少将が専門としたのは、「兵站」であった。兵站とは「軍隊の戦闘力を維持し、作戦を支援するために、戦闘部隊の後方にあって、人員・兵器・食料などの整備・補給・修理などにあたり、また、後方連絡線の確保などにあたる機能」(『日本国語大辞典』)のことで、英語では、ロジスティックスと訳される。現代では、「後方支援」としてどの組織にあっても当然のように重視される役割である。しかし、旧日本軍という組織の中でこの「兵站」は、作戦計画の実行段階においては軽視される傾向にあった。

高級指揮官および幕僚に向け、大兵団運用の指針として参謀本部が作成した「統帥綱領」。そこには日本軍の基本的な戦術思想が記されており、兵站についての日本軍の思

小畑信良少将

想が色濃く表れている（「統帥綱領大正七年九月第一次改訂、一七七条」）。

作戦の指導に任ずる者は常に兵站の状況に通暁しあること緊要なり。然れども統帥は決して兵站に拘束せらるるものにあらず。兵站は常に作戦の要求に従属すべきものとす。

ここからは、兵站の重要性は認めつつも、兵站の困難さが作戦の実行を妨げるべきものではなく、あくまで作戦に「従属」するものとして位置づけられていたことが分かる。

「兵站」の軽視は、担う人材の少なさからも見てとれる。陸軍のエリート養成機関・陸軍大学校の卒業者名簿を見ていると、「兵站」を担う「輜重兵科」出身者が極端に少ないことに気づく。毎年五〇名前後の卒業生を輩出した陸軍大学校。しかし、輜重兵科の出身者は数年の例外を除いて毎年一人いるかいないかという状態であった。小畑少将たちが卒業した第三六期も例に漏れず、卒業生六四名のうち輜重兵科を出た者は小畑少将ただ一人。小畑少将は日本軍の中でも数少ない兵站のエキスパートとして、ビルマへ派遣されたのである。

日本軍における「兵站」の軽視は、太平洋戦争敗北の一因としてあげられることも多い。後述のように、インパールを目指す日本軍を迎え撃つに当たってイギリス軍は、武器や食糧、医薬品など、一日二五〇トンもの物資を前線に投下できる態勢を整えていた。日本軍との差は歴然である。太平洋戦争敗北の縮図ともいえるインパール作戦。その欠点の一つが、ここにも確かに表出していたのである。

インパール作戦が開始される一年前の一九四三年(昭和一八)四月、牟田口司令官は第一五軍司令部をラングーンからよりインパールに近いメイミョーに移し、東部インド地方への進攻を「武号作戦」と称して小畑少将以下に調査を命じていた。しかし、小畑少将が出した結論は、このまま進軍したとしても戦闘の支援が困難であり、第一線の部隊は孤立するとして「武号作戦はこの際実施せざるを可とする」、すなわち実施は不可能というものだった。小畑少将の回想によれば、牟田口司令官にこのことを報告すると、全幕僚を集めて小畑少将らの態度を難詰したのちに、以下のような訓示を発したという。

今や全般戦局は全く行き詰っている。この戦局を打開できるのはビルマ方面のみである。
ビルマでこの難局を打開し、前途に光明を見出す作戦は可能である。ビルマで戦局打開の端緒を開かねばならぬ。これがためには、いたずらに防勢に立っていてはいけない。〔略〕
わたしは、この際攻勢に出てインパール付近を攻略するのはもちろん、できればアッサム州まで進攻するつもりで作戦を指導したい。
従って今後は防勢的な研究を中止し、攻勢的な研究に切り換えよ。

牟田口司令官は、太平洋戦争全体の戦局が悪化している時にあって、光明を見出せるのはビルマ戦線だけだとして、インド東北部に進攻する積極的な作戦立案を命じたのであった。小畑少将による分析的かつ現実的な進言は、極めて抽象的な戦局判断の前に退けられたのである。
この後も、小畑少将は、なんとか牟田口司令官に作戦の実行を思いとどまらせようと画策する。同じくメイミョーに駐留していた第一八師団の田中新一師団長を通じて作戦中止の進言をしてもらおうとしたのである。田中師団長は小畑少将の意見を承諾し、牟田口司令官に作戦中止を進言したものの、こう付け加えた。

いやしくも〔小畑少将が〕軍参謀長として軍司令官を補佐すべき随一の地位にありながら、直接軍司令官に直言せず、隷下の師団長を介して意見を具申しようとした参謀長の措置は統率上憂慮すべき問題と考える。

田中師団長は、第一五軍隷下の師団を通じて上官に意見を具申しようとした小畑少将の行為は指揮系統上問題があると告げたのである。牟田口司令官はこれを受けて、小畑少将の行為は極めて遺憾として、更迭を決定した。

防衛省が所蔵する、ビルマ方面軍・河辺正三司令官の日記によれば、新旧両参謀長の引き継ぎが行われた日の会食の席でも小畑少将は、牟田口司令官の今後の行動に十分注意するよう訴えている。さらに小畑少将は、ビルマを去る前日、もう一度河辺司令官のもとに出向き、牟田口司令官が主張する作戦の無謀さを説いた上で、以下のような進言をしたという。

「いまや牟田口軍司令官の暴走を制止し得るものは方面軍司令官たる貴下以外にはないと信ずる。くれぐれもお願いする」

せめてもの諫言(かんげん)を残した小畑少将は、就任後わずか二カ月で参謀長の任を解かれ、満洲へと向かった。道子さんが見せてくれた小畑少将が戦後自らまとめたというアルバムには、小畑少将がビルマで触れた住民や食べ物などの写真が収められている。その中にある一枚の写真。南方軍の総司令官を務めた寺内寿一元帥の執務室での様子を写した写真の横に、自筆で次のような文字が記されている。

「第十五軍参謀長としてビルマに赴任するも、牟田口軍司令官と作戦上の見解が異なり、左遷させられ、ビルマを去った」

この後、小畑少将は前述したように一一年間シベリアに抑留されたのち、一九五六年(昭和三一)一二月に日本へ帰還した。ビルマの状況を振り返ることは無かったというが、娘の道子さんは、ただ一言だけ「やらなくて良い作戦だった」とつぶやく父親の姿を鮮明に覚えている。

軍の中で小畑少将の進言が聞き入れられることはなく、牟田口司令官の指揮の下、この後作戦の遂行に直進していくことになる。

見習士官が見た司令部の内幕──幻の「齋藤博圀日誌」を探す

作戦を指揮する第一五軍の司令部が置かれたメイミョー。現在はピンウールインと呼ばれ、ミャンマー中央部の大都市マンダレーの東に位置する標高一一〇〇メートルの高原の町である。一九世紀後半、ビルマがイギリスの植民地となってすぐ、避暑地として開発された。今も洋館が建ち並び、緑の木立を馬車が走る。さわやかな風は、軽井沢を

メイミョーの第15軍司令部跡

思い起こさせる。高温多雨のこの国にあっては、別天地である。

第一五軍司令部の建物は当時のまま残され、ミャンマー軍士官学校などの施設として使われていた。今回、初めてその内部の撮影が許可された。インパール作戦の前線から、はるか六〇〇キロ。この建物の中で、何が起きていたのか。

貴重な記録の存在が、取材の中で浮かび上がった。第一五軍司令部の齋藤博圀少尉が当時綴った日誌、そして戦後書かれた「回想録」である。

インパール作戦を実行した現場の中枢の動きを伝えるその記録を入手できたのは、二〇一七年四月、放送まで四カ月を切っていた。

「齋藤博圀日誌」の存在を知ったのは、ある人物との出会いがきっかけだった。若尾仁さん——第一五軍で兵站を担当する部隊、野戦貨物廠に所属していた元二等兵である。第一五軍の名簿から、たどり着くことができた。

二〇一七年一月、新幹線の新大阪駅から乗り換え、東国(ひがしみくに)駅で降りた私たちは、電話で教えて頂いた住所を手掛かりに若尾さんの家を探した。狭い路地を通って長屋の一軒にたどり着く。

若尾さんは、たくさんの資料を準備して、私たちを待っていてくださった。このとき九〇歳、高齢の妻が病気なのでテレビカメラの前では証言できないが、情報は提供してくださるということだった。

若尾さんは、貨物廠の暗号兵だった。補給基地のあったマンダレーから、武器・弾薬・食糧をチンドウィン河の前線にある貨物廠の支所まで送る指示を出す際のやりとりは、暗号で行われていた。支所は、チンドウィン河沿いのホマリン、タム、カレイワなどにあって、前線の輜重兵たちが物資を受け取りに支所に来ることになっていたというが、「山道を馬などで運ぶにも、運べる量などはたかが知れている。前線に物資を供給するのは難しかった」と、当時を振り返る。インパール作戦が始まると、軍司令部とともにチンドウィン河を渡って行ったという。

若尾さんは、毎年七月の第三日曜日に和歌山県・高野山成福院で行われる「ビルマ方面戦没者の慰霊祭」のことを教えてくれた。かつては頻繁に足を運んでいたが、今はもう行くことはできないという。「成福院にいけば、戦友たちが寄贈した戦没者名簿なども見つかるはず」とも教えてくれた。

若尾さんへの取材で、私たちはある女性の存在を知った。若尾さんと同じ第一五軍野戦貨物廠の少尉だった片山侱さん（一九二二年生まれ）の三女しづよさんだ。侱さんが二〇一三年に亡くなって以来、しづよさんは、父親のことを知りたいと頻繁に若尾さんを訪ねるようになり、手紙のやりとりを続けているという。

片山侱さんは、インパール作戦が失敗に終わったあと、チンドウィン河を渡り撤退する兵の応援に向かったという。侱さんが残した手記には、飢えと疲労によって人間性を奪われていく兵の姿が克明に記されていた。

「ふらふらの戦友に肩を貸して下がってきた兵隊が、突然、弱っていた兵隊を崖下に突き落とし、首に吊るしていた僅かな食べ物の入っていた雑嚢（肩に掛ける布製のカバン）を奪うのを目撃した。周囲にいた兵隊も見ていて唖然となった。たまたま救援のため下から上がって来て居合わせた「淀」兵団の兵隊が、「われわれはガダルカナル島で戦う為に戦死者の肉を食べたことはあったが、今、互いに敗走しているとき、僅かな食糧を狙って戦友を殺して自分だけが助かろうとすることは許されない」と絶句していた。非常に腹立たしさと戦争の悲惨さが脳裏に焼き付けられた」

二〇一二年夏、侱さんは、母校である地元の小学校から戦争体験を語る講演を依頼されたが、その原稿を書いている途中、誤嚥性肺炎を繰り返し、実現をみることはなかった。最後まで自らの体験を語り続けようとしていた侶さんは、翌年九〇歳で亡くなった。

父の足跡をたどる片山しづよさんは、若尾さんのほかに、もう一人の第一五軍関係者と面会していた。それが、齋藤博圀元少尉だった。

しづよさんは、二年前の二〇一五年に静岡県磐田市に住む齋藤さんのもとを訪れていた。その際に、戦争中に書いた日誌を見せてもらった。そこには、第一五軍司令部内部のこと、そして、撤退路の惨状が、詳細に書かれていたという。

私たちはさっそく、齋藤さんの消息をしづよさんに尋ねたが、「入院して家にはいないかもしれない」という。どうしても日誌のことが気になった私たちは、会えるかどうかもわからなかったが、齋藤さんを訪ねることを決めた。しづよさんは、齋藤さん宅への道を事細かに教えてくださり、うまく面会できることを願ってくれた。

齋藤さんの家は、静まり返っていた。インターフォンを何度押しても、全く応答がない。齋藤さんがお元気なのかどうかもわからない状況に、途方にくれた。

すぐに引き返す気にもなれず、家の近くをぼんやり歩いていると、土手から綺麗な富士山が見えた。ちょうど六合目くらいまで雪に覆われた姿が、澄み切った空気に鮮明に浮かび上がっていた。その富士山の姿を見ていると、「きっといつか齋藤さんに会える」、そんな、微かな自信を感じたことを、今もはっきりと覚えている。

齋藤博圀元少尉との面会

齋藤さんに会うことができたのは、それから四日後のことだった。ある病院に入院していることがわかり、病院やご家族に連絡を取り、取材の許しを得て、齋藤さんの元へ向かった。齋藤さんのことを教えてくれた片山しづよさんも、同行してくれた。

齋藤さんは当時九五歳、お話しできる状態なのか、日誌はどこにあるのか。期待と不安が交錯する。病院の面会場所に、齋藤さんは車いすに乗って現れた。かつて自分を訪ねてきてくれたしづよさんを見ると、笑顔になった。元将校というイメージとは遠い、とても穏やかな方だった。

齋藤さんは耳が遠いため、筆談でのやりとりとなった。まず、私たちが訪問したのは若い人に戦争の悲惨さを伝える番組をつくりたいと考えているからだと伝えた。すると、驚くほど大きな声で、「ぜひ、協力したいです。日記や回想録は家にあり、それに当時のことが詳細に書かれています」と教えてくれた。そして、当時の記憶をその場で綴り始めた。牟田口司令官は、「売名的であった」。その司令官について周囲は「無茶口」と言っていたと明かした。

戦地で書いた日誌は、帰国前、連合国軍に没収されることをおそれてタイの大学教師にあずけ、戦後、再びタイにとりに行ったものだという。

その日は時間も限られ、私たちはこちらから番組について説明することを第一に考えていた。詳細な取材をするため、「また、お時間をください」と伝えた。

齋藤さんは、最後に次のように付け加えた。「〔当時の〕司令部のことを知っているのは私だけになった。私だけしか知らない機密的なことも覚えている」。そう言って協力を約束してくれた。

何としても日誌を探したい、そうした衝動を抑えきれなかった。しかし、齋藤さんは入院中、妻の恵美子さんも体調を崩すことが多く、娘と一緒に暮らす東北地方からなかなか戻れないという。齋藤さんの家に入れないまま月日が過ぎ、四月も中旬になっていた。

とにかく齋藤さんの証言を記録したいと、病院の許可を得て、まずはインタビューを行った。日誌も読めない中で、どこから何を聞いていったらよいか、暗中模索の中での取材となった。

私たちが質問を紙に書いて、口頭で答えてもらう方法をとった。あまり長時間お付き合いいただくわけにもいかないため、二日に分けた。初日は主に第一五軍司令部での出来事について尋ねた。私たちが知り得ない密室内の状況について語ってくれたが、こちらの質問が絞り切れておらず、十分に聞き切れなかったという思いがどうしても残った。

齋藤さんは、繰り返し以下のことを怒りとともに語った。

「日本の兵隊がたくさん死んでも、それで自分が陣地をとれば、それだけ将軍の値打ちが上がるときですからね」

その詳細をもう少し聞きたかった。

ついに見つかった「齋藤博圀日誌」

一日目のインタビューを終え、妻の恵美子さんに電話をした。取材の状況を報告しようと思ってのことだった。その際、思いがけない話を聞くことになった。恵美子さんが、東北から磐田市に戻っているという。番組の放送日が迫っていることを知り、東北から、わざわざ駆けつけてきてくれたのだ。「日誌を家で探したい」という私たちの思いに、無理を押して応えてくれた恵美子さんの気持ちに、電話口で何度も頭を下げていた。

すぐに病院から齋藤さんの自宅に向かうと、恵美子さんと、息子の博智さんが待っていてくれた。日誌のある可能性のある場所を、恵美子さん、博智さんが一緒に探してくださった。

早速、古いアルバムが見つかった。齋藤さんの通っていた陸軍経理学校時代やビルマ

齋藤博圀さん

時代の写真が貼られていた。思わず目をとめたのは、一九四四年(昭和一九)二月、メイミョーの第一五軍司令部に配属された頃の齋藤さんの姿。当時二二歳、希望とも不安ともつかない表情を、レンズに向けている。眼鏡をかけた華奢なその姿は、軍人というよりは、理知的な研究者のようだ。アルバムの周辺に日誌もあるのではないかと期待したが、この日、残念ながら見つけることはできなかった。

翌日、午後からの齋藤さんへのインタビューのために日誌があれば話を深く聞きやすいと思い、朝から再びお邪魔をした。恵美子さんとともに探させて頂いたが手がかりは得られなかった。

さらに翌日、再び磐田市を訪れた。片端から調べていくと、本と本の間から、黄ばんだA4サイズの紙の束が見つかった。無地の用紙にペンでギッシリと書いてある。タイトルには、「五〇〇〇人殺せば〔陣地が〕とれる」などと書かれている。戦後に書かれた

「回想録」だった。少し癖のある字を追っていくと、決意のような言葉があった。

「日支事変（日中戦争）の発端となった盧溝橋事件を起こした牟田口廉也中将の直接の部下としてある程度の機密に接し、また、第一線の部隊に度々出向させられ、斬込隊長を命ぜられてあわをくったり、続く片村四八（かたむらしはち）中将が軍司令官となってからは、〝内地に一日でも遅く米軍が近づくのを防げ〟とばかりに持久戦を戦い、その結果が、皮肉にも原爆投下につながったのではないかと、私達戦友全員が持っていた、行き所のない申し訳なさの気持ちを今でも持ち続けています。

〝戦いを語らず〟との友との約束を破るのかと自責の念も強くありますが、犬死にさせたくないとの思いも強く……」

もっと読み進めたいという思いを抑え、さらに探すこと数時間、棚の引き出しの中から、厚紙に綴じられた冊子が見つかった。表紙の中央に「日誌」、左下に「第十五軍経理部　齋藤主計中尉」、右上には「自　昭和一八年一一月二〇日　至　昭和二一年六月二四日」と大きく記されていた。その下には馬来（マレーシア）、緬甸（ビルマ）、仏印（仏領インドシナ、現在のベトナム・ラオス・カンボジア）、泰（タイ）と日誌が書かれた場所の記録。三カ月間、読みたいと願いつづけてきた「齋藤博圀日誌」がそこにあった。昭和一八年（一九四三）一一月は、陸軍経理学校を卒業した時、昭和二一年（一九四六）六月は、捕虜を経て神奈川の浦賀港に戻ってきた時であった。

齋藤博圀さんの「日誌」と「回想録」

私たちは、古いケースや机を中心に探していたが、日誌が入れてあったのは、新しい棚の引き出しだった。齋藤さんは、時折この日誌を手にし、ビルマの記憶と向き合っていたのかもしれない——そんな思いにしばしばとらわれた。

齋藤少尉が目撃した異様な司令部

「回想録」には経理学校に行くこととなった経緯が書かれていた。

「昭和一七年九月に〔中央〕大学を繰り上げ卒業させられました。〔略〕初級将校不足を補うためでした。誰にも見送られる事なくひっそりと卒業しました」

その後、静岡の歩兵第三四連隊速射砲中隊に入隊、一九四三年陸軍経理学校に入校した。

齋藤さんはこの学校への思いを持ち続けたのか、

所持品の中に「陸軍経理学校〝士魂碑〟の建碑を記念する」案内状があった。陸軍経理学校の跡地は東京・小平市にあり、現在は、自衛隊員の研修などを行う自衛隊小平駐屯地と警察学校になっている。昔も今も、多くの若者たちの学び舎だ。

陸軍経理学校跡の碑

敷地内にある大きな岩のような碑には「われらの士魂　ここにはぐくまれたり　陸軍経理学校跡」と刻まれている。齋藤さんにとっては、インパール作戦へとつながる学校であった。

齋藤さんは、この学校を首席で卒業、その後、自ら志願して南方への道を選んだという。しかし、戦地には想像を超える現実が待っていた。「回想録」には、「私とともに内地より八名が第一五軍に配属された中、四名戦死、三名は、脚を、腕を失い、そのうちの一人は、顔面火傷、失明し、復員後自殺。八名中、どうやら一人前に動けたのは私一人になりました」と書かれていた。

日誌は、齋藤さんが陸軍経理学校を卒業して間もない一九四三年(昭和一八)の一一月から始まる。

一一月二八日、広島・宇品から南方へと送られた。一五〇〇人が乗船し、身動きもとれない状況だったという。

一二月一四日には、昭南(シンガポールの当時の呼称)港に到着、「戦地に第一歩を印す」。その翌々日に、一通の辞令が手渡された。それが、「第一五軍司令部附」の命令だった。

「一二月一六日　命課　第一五軍司令部附を命ぜらる。ビルマのメイミョウなる由。遥々(はるばる)来りし旅を思い、更に任地への旅を想う」

その後、シンガポールにしばらく滞在したが、年が明けると、日誌は、慌ただしさを見せる。

一九四四年一月九日、シンガポールを出港。マラッカ海峡を越え、マレーシアのポートスエッテンハム港へ。前を行く船が潜水艦の攻撃を受け、沈没するなど、戦局の厳しさを目の当たりにした。

一月二六日、ついにビルマのモールメン(モーラミャイン)に到着。いきなり空襲に見舞われる。三〇日には、ビルマ方面軍のあるラングーンに。ここで、各軍・各師団に赴任していく友との別れの夜を過ごした。

ラングーンを出発し、ペグー、トングーを経て、二月七日に入った都市、マンダレーは、廃墟となっていた。あらゆる建物は破壊され、炎天の下、夏草のみ茂りに茂っていた。

その日のうちに第一五軍司令部のあるメイミョーの宝塚ホテルに到着。日本を出て二カ月半が経っていた。メイミョーの印象を齋藤さんは、若者らしい感性で綴っている。

「二月八日　空は飽くまで青く、白雲が浮かぶ。並木の途(みち)は軽井沢に似て、空気が澄むように綺麗だ。花がこぼれ咲き、美しいロンジー〔ビルマの民族衣装〕の娘が通る。さすがは、ビルマ第一の避暑地と思う。司令部は、この公園の一角に広壮なる敷地を占めている」

「二月一二日　見習士官全員、貨物廠見学を命ぜらる」

私たちを齋藤さんに引き合わせてくれた若尾さんがいた野戦貨物廠のことと思われる。マンダレーに近いメイミョーは、補給作戦の中心でもあった。

このあたりから、それまで毎日のように書かれていた日誌が飛び飛びの記述になり、忙しさがうかがわれる。

「二月一六日　〔第一五軍〕軍司令部附を命ぜらる。衣糧科附、被服、現地自活、将校勤務を卒業月日にて命ぜらる」

「二月一七日　軍司令官、牟田口閣下に申告」

緊張の瞬間を迎える。牟田口司令官からの訓示である。

「人生の目的は職責の遂行にあり」

その時、人生をかけた作戦の遂行に邁進(まいしん)していた牟田口司令官。同じ覚悟を、若い部下にも求めたということだろうか。

この頃の司令部内を記録したニュース映画が残っている。日本の後押しによるインド独立を目論んでいた自由インド仮政府・インド国民軍のチャンドラ・ボース司令官が、メイミョーの第一五軍司令部を訪ねた時の映像だ。「印度の独立を刺戟す」という日本の政略に連なるインパール作戦は、ボースの運命をも左右する戦いであった。

ニュース映画には、こうナレーションがついている。

「喜びに面も明るい、ボース最高指揮官は、前線の我が軍司令部を訪問。インド国民軍に寄せる皇軍の絶大なる援助を感謝するとともに、今後の作戦について協議を重ねました。無敵皇軍と精鋭インド国民軍の固い協力の前には、敵イギリス軍のあがきもむなしく、インド戦線、我が必勝の作戦は着々進められていく」

大作戦を「着々」と進める司令部の高揚感が伝わってくるようだが、齋藤さんの「回想録」に綴られた司令部内の実態は、それとは全く異なるものだった。

「牟田口中将は、平生、〝盧溝橋は私が始めた。大東亜戦争は、私が結末をつけるのが私の責任だ〟と、将校官舎の昼食時によく訓示されました」

「コヒマ、インパールをおとし印度に入り、カルカッタへ進攻する。人跡未踏のジャングルは、飛行機など役に立たぬ、食糧はジンギスカンに習い、牛と羊を連れていって、荷物を運び、途中において、これらを食糧としていく。〝糧は敵による〟敵より分捕れば十分である。インドに入れば食糧は充足できる」

牟田口司令官の強硬姿勢は、周囲の将校にまで波及していった。「回想録」は、司令部内の異様な雰囲気を伝えている。

「経理部長さえも、〝補給はまったく不可能〟と明言しましたが、全員に大声で〝卑怯者、大和魂はあるのか〟と怒鳴りつけられ、従うしかない状態でした」

ひとたび巨大組織が動き始めると、個々人は目の前の仕事を処理することのみにとらわれ、思考停止に陥りがちとなる。作戦に対する懸念に耳を塞ぎ、有効な手立てを講じることなく、第一五軍の将校たちは、九万の兵を人跡未踏の密林へと追い立てていった。

第3章
消耗する兵士たち
——軽視されてゆく“命”——

チンドウィン河

兵士たちの難行軍

一九四四年三月八日、他の師団に先がけていち早く南のルートからチンドウィン河を渡った第三三師団。私たちは、隷下の連隊が戦後に残した「連隊史」などの資料を元に、健在の元兵士を探した。

最初に連絡が取れたのは、栃木県那須烏山市に暮らす高雄(たかお)市郎(いちろう)さん、九六歳だった。インパール作戦当時、第三三師団歩兵第二一四連隊の連隊本部に所属する兵長だった。戦後作られた連隊の名簿を頼りに連絡をとると、お電話の声はとても元気だった。連隊の「戦没者名簿」も持っているという。第二一四連隊は、もとの編成地が福島県の会津若松であったことから、〝白虎(びゃっこ)部隊〟の異名がある。その勇猛さは敵兵にも轟(とどろ)き、イギリス軍は〝ホワイト・タイガー〟と呼んで恐れたという。ちなみに、第三三師団には、北関東の出身者が多い。隷下の歩兵第二一四連隊は後に栃木県、歩兵第二一三連隊は茨城県、歩兵第二一五連隊は群馬県で編成された。

高雄さんと電話で何度かやりとりした後の二〇一七年一月六日、ご自宅を訪ねた。高雄さんは、年齢を感じさせない足取りで、私たちを迎えてくれた。今も地元で戦争体験

歩兵第214連隊の集合写真

を話しているというだけあって、とても矍鑠（かくしゃく）としていた。復員してからは、衣料品販売業を営み、仕事をやめた後は、趣味の盆栽を楽しんできた。庭木がたくさんあることからも、その趣味がうなずけた。

高雄さんがまず見せてくれたのは、当時の第二一四連隊の集合写真だった。戦友の姿を指さしながら、「この兵隊は敵の銃弾に倒れ〝残念だ〟と言い残し死んでいった」、「インパールを落とすための重要拠点だった〝森の高地〟で敵陣を攻撃している時、敵の攻撃を受け、〝あとを頼むぞ〟と言った言葉が忘れられない」と、当時の仲間のことを詳細に記憶していた。

大事そうに棚から取り出してくれたの

高雄市郎さん

は、戦没者名簿だった。名簿には、兵士たちが亡くなった場所、日時、戦死や戦病死などの死因が綴られている。合計四〇〇〇人近くにのぼる記録であった。ガリ版刷のかなり古いものだが、丁寧に保管されていた。中隊ごとの記録をとりまとめ、戦後一五年ほど経って戦友会が開かれた時に完成をみたという。

戦友会の仲間から高雄さんに名簿が託されたのは、今から三〇年ほど前のことだという。「最初に持っていた人が、高齢になるに従い体調に不安も出て、私に〝頼むから〟って」。高雄さんは、そう言って、一枚一枚ていねいに名簿をめくり始めた。

高雄さんは、太平洋戦争が始まる直前の一九四一年（昭和一六）五月、徴兵検査で体格最優秀の甲種合格となり、現役兵となった。二〇歳だった。「支那事変（日中戦争）の最中だったから、兵役で国のために働かなくてはいけない覚悟を持った」と振り返った。

一九四二年一月、第二一四連隊に入隊。中国に向かう際、宇都宮駅から出発する時の見送りは盛大だったことを記憶している。「大東亜戦争〔太平洋戦争〕が始まってまもなくだったので、日本全体が戦争の気分に乗っていた時期だった」という。

広島の宇品から出航し、上海の近くの港に到着。蘇州で軍隊の教育を受け、その年の六月、ビルマに到着した。それから二年後の一九四四年三月、インパール作戦に参加することになる。

第三三師団は、いくつかの「突進隊」に分かれ、インパールを目指した。

「天長節〔昭和天皇の誕生日。四月二九日〕までにインパール取っちゃうんだっていうようなことしか考えてなかったよ、兵隊は。〔略〕食糧二〇日分持ってるうちにインパールへ行かなくちゃなんねえっていう心構えができてるわけだよね。〔略〕インパールへ着いたら食糧を確保できるから、それまで持っていたもので食いつないで行こうって。みんなそういう意識を持ってたね。いちいち命令されなくても、そういう雰囲気が部隊全体に広がっていたね」

チンドウィン河を渡った兵士たちの目の前にあったのは、標高二〇〇〇メートル級の山々が連なるアラカン山脈だった。

山道を歩く兵士の姿を記録したニュース映画が残されている。兵器などを運んでいるのだろう、荷台が木や葉で擬装されたトラックが走る。しかし、自動車が通れる道は途切れ、兵士たちは車を解体。車台やタイヤを担いで運んでいく。

この映画の制作者は、僻地で奮闘する日本兵の姿を伝えようとしたのだろう。しかし映像は皮肉にも、日本軍の輸送力の低さを告白するものとなっている。火砲や戦車を飛行機で運ぶイギリス軍との差は歴然としていた。

インパールを孤立させるため、北部の都市コヒマを攻略しようと、北のルートからインドを目指した第三一師団は、切り立った崖の狭い道を行軍していた。剛毅で知られる佐藤幸徳師団長をして、「実に想像を絶する天嶮（てんけん）」と言わしめるほどであった。

第三一師団山砲兵第三一連隊に属していた元上等兵の山田直夫（やまだただお）さん（九五）も、想像を絶する行軍だったと振り返った。

山田さんは、今は、長男夫婦と愛媛県松山市に暮らしている。一九四二年、徴兵検査を受けて甲種合格。「命令なので行かなければいかん」と思ったという。南京など中国を転戦する中で、山砲の観測手として教育を受けた。上海から、サイゴンの港を経由して、タイ・バンコクに入り、その後ビルマからインドに向かった。

山田さんは、復員してから稲作や果樹作りで生計を立ててきた。今は耳が悪くなり、機会も少なくなったが、以前は地元の集まりで歌うことが好きだったという。山田さん

山田直夫さん

は、補聴器をつけて取材に対応してくれた。

「私は、あの地獄から九死に一生を得て帰ってきた。生き残った私たちが伝えなければ史実が永久に埋もれてしまうのではないか」と、地元の新聞にも自身の体験を継続的に投稿してきた。

山田さんは、インパール作戦について原稿用紙一〇〇枚以上にもなる手記を書いていた。私たちは、第三一師団の進撃の様子について手記に沿って聞いていった。伊予弁で話す山田さんの言葉はとても具体的で、アラカン山脈を行軍した時の様子を克明に伝えてくれた。

「馬より他に、〔大砲を〕運ぶもん、おらんですがな。馬がまあ、今で言うたら、自動車の代わりですな。大砲を馬の背中に積むわけですけんな。大砲としては、小さいほうですけん、全部、分解してしもうてなあ、それで、四頭くらいの馬に積めると思ったですね。山の急な道を行くわけです。そうしたら、馬が踏み外して、それで、もう、崖から転落したり。

山脈に入ったらもう、上り下りが多いわけですなあ。急な下りだったらですなあ、馬の荷物下して、鞍にロープをつけてな。それで、皆が引っ張っとって、こう、一頭ずつ、順に下してきてな。急な登り坂なんかは、それこそ、人間が後から押さえてやらにゃいかん状態もあったですけどな」

山越えでは、トラなども出たという。

「夜、山の中へ、我々は宿営するでしょ。"火を焚いとったら、トラが来んのじゃ"、ということでな、各所で火を焚いとりました。それに我々、銃持っとるわけですけんな。まあ、トラが出た場合は、銃で撃ち殺すこともありました」

牟田口司令官の思いつきで連れて行った牛も足手まといとなった。荷物を運ばせようにも、背中がコブのように突き出ていて、乗せるのが難しかった。もともと農耕などに使っていた牛が多く、性格的にも臆病で、悪路を進むのを嫌がった。兵士は牛のお尻を押したり、叩いたり、最後には尻尾に火を点けて進ませようとしたが、動かなくなった。これでは兵士の方が疲弊してしまうと、渡河から一週間ほどで放棄した部隊が多かったようである。

二〇〇〇メートルを超える山々の気温は低く、夜は震え上がるほど寒かった。水の入手さえ困難で、行軍中に水の流れを見つけると、崖を下って水を汲みに行った。

乏しい食糧を節約するため、少数民族の村を見つけると、食糧の提供を求めた。対価は、軍政下などで流通させる臨時の紙幣、軍票である。

私たちは、第三一師団の部隊が訪れたという、インドのプシング村に取材に入った。インパールの北東一五〇キロ、頭上近くに雲が迫る、山岳地帯の村である。柱に木の板を打ち付け、屋根にトタンをかぶせただけの家が点在する。現在の戸数は三五ほどだという。入り口から親子が、好奇と不安の混じった目で、私たちを見つめていたが、カメラを向けると、さっと家に隠れてしまった。近づいてきたのは、痩せた犬だけだった。

ルイファオさん

驚いたことに、当時、日本兵に食糧調達の相談を受けたという人物が健在だった。一〇〇歳となるルイファオさん。やや猫背だが、段差をヒョイとまたぎ、しっかりした足取りで、こちらに近づいてきた。当時は二七歳。突然村を訪れた大軍に驚いたという。

「何でもいいので、食糧を集めて前線に送ってくれと言われた。しかし、数千人の食糧を賄えるはずがないじゃないか」

大河を渡り、山岳地帯の道なき道を進む兵士たち。戦いを前に、消耗していった。

一変していたイギリス軍

アラカン山脈に足を踏み入れると、イギリス軍との戦闘が始まった。

「イギリス軍恐るるに足らず」――第三三師団の高雄市郎さんは、そう聞かされていた。二年前、ビルマに殺到する日本軍を前に、イギリス軍は大量の武器を放置してインドに敗走していたからである。

しかし、イギリス軍と対峙した高雄さんは、すぐにその考えを改めたという。

「〔イギリス軍は〕最初はただビルマを守るという、おまわりさんぐらいの気持ちでいたんじゃないの? そこへ日本が攻めていったから、たちまち退却しちゃったんだよね。戦闘もやったけどね。意識が違ったんだわね。インパール作戦になったときは、今度はビルマを取り返すという気持ちで来たんだから、全然違うんだよね」

イギリス軍は、強固な陣地を築いていった。兵は蓋をかぶせた壕の中に身を潜め、機関銃や迫撃砲を放ってきた。常に飛行機からの補給を受けていたため、大量の銃弾、砲弾を撃ち込むことが可能だった。壕の周囲には、鉄条網が張り巡らされ、地面には地雷が埋まっていた。

有力な火砲を持たない日本軍は、接近して戦うほかなかった。高雄さんが記憶しているのは、数千メートルの射程を持つ山砲を、二〇〇メートルほど先のイギリス軍に向けて狙い撃ちする異例の戦い方だった。

「山砲っていうのは遠いところへ、遠くからダーンと弾を撃つわけでしょ、一〇〇〇メートルも二〇〇〇メートルも。それが今度は、二〇〇メートル、三〇〇メートルくらいのところで撃つんですよ。これはね、零距離射撃っていうんだ」

「零距離射撃」は、山砲の部隊にとっては、不慣れな白兵戦に巻き込まれかねない戦法だった。

「山砲っていうのはね、肉弾戦には不向きな面もある。だから、山砲を残して歩兵が退がったら、今度は山砲がイギリス軍にやられちゃうべ。肉弾戦は不得手だからね。最初は山砲に協力してもらわなくても歩兵だけで陣地を取れるくらいに考えていたわけさ。ところが、抵抗が激しくて。山砲の協力を得なければ戦争にならないわけなんだよ」

高雄さんの部隊は、イギリス軍の部隊が駐屯しているトンザンという村を目指していた。しかし、その手前のピーコックと呼ばれる場所で、激しい戦闘となった。何とか突破できたものの、大きな損害が出た。高雄さんが以下の証言で触れている中隊は、戦況

鈴木公さん

によって変化するが、二〇〇人前後の兵士がいたと思われる。

「ピーコックは、うちの六中隊と八中隊の二個中隊でやったんだけど。八中隊では中隊長が亡くなっちゃってね。六中隊では[illegible]人が死んで、二十何人が負傷して、〔合わせて〕三十何人がいっぺんに犠牲にね。トンザンの近くにマニプールっていう川があるんだけど、あの所へ来たときにはもう兵力が半分になっちゃっていたんだよね」

高雄さんの戦友で、戦後も深い付き合いを続けてきた鈴木公（すずきひろし）さん（九六）も、第三三師団歩兵第二一四連隊第六中隊に所属していた。鈴木さんは戦後、栃木県大田原市で家業の農家を継いで米を作ってきたという。高齢になってからは、ゲートボールの指導者としても活躍した。お話を伺いに行くと、いつも長女の玲子さんが用意してくれた缶コーヒーをふるまってくれた。戦友の高雄さんが来る時も、缶コーヒーを飲み合うのだそうだ。取材で案内された居間には、第二一四連隊の第六中隊の写真が大事そうに置かれていた。

鈴木さんは、一九四一年一二月に徴兵検査を受け合格した。中国に駐屯した後、南方が危ないということで、ビルマ行きを命じられたという。

インパールへ向かう長い行軍路では、前方の敵だけでなく、背後を衝かれないよう後方の敵にも気を配らねばならなかった。袋のネズミになってしまうからだ。このことが、戦力維持の大きな壁になったという。

「陣地取ったところへ、今度兵隊を何人かずつ残していかないと、またそこを占領されちゃう。そういうのを兵站線っていうんですが、それがもうだんだん長くなっちゃうわけですよね。だから、負傷して人員が少なくなってるのに、さらに点々と兵隊を残していくがために、だんだん兵隊が少なくなっていっちゃうわけですよ、補充はきかないんですから」

鈴木さんは、一九四四年四月末、インパールから四〇キロほどの距離にある激戦地「森の高地」で負傷した。鈴木さんの口には、今も深いけがのあとが残る。敵の砲弾の破片が直撃した肩やお尻、そして足にも、その砲弾の破片が残っている。「数年前、一部が、体の表面に出てきて取り除いたんだ」と言って、ズボンをめくって傷を見せてくれた。

最初の大敗北——トンザン・シンゲルの戦い

三月八日の作戦開始から一週間後。インパールから直線で一一〇キロほど南にあるシンゲルという村で、第三三師団は一〇〇〇人以上が死傷する最初の大敗北を喫していた。イギリスが部隊を置いていたトンザンの先にある村である。二〇一七年五月、私たちはこの地に足を踏み入れた。

激戦を物語るものがあると、住民が私たちを案内してくれた。ある崖の下、胸元まで伸びる草を刈物で刈りながら進んでいくと、茶色く変色した鉄の塊が見えた。日本軍の戦車である。といっても、現代の軽自動車よりもひと回り大きい程度で、装甲も薄い。山道の行軍では、大きな戦車を運ぶのは、不可能だったのである。

次に連れて行ってくれたのは、だだっ広い空き地のような場所だった。たくさんのレンガが積まれている。タン・ション・ハンさんは、最近この場所で、レンガを焼く窯をつくるために地面を掘った時に、骨を見つけたという。

「五人の遺骨が出ました。この辺に二人、向こうに三人。多くの日本兵が亡くなったと父から聞きました」

黒いビニール袋に入った骨を見せてくれた。頭部の骨のように見えるが、素人の私たちには、人骨なのかは分からない。しかし、この地でたくさんの日本兵が亡くなったことは、世代を超えて語り継がれており、村の人々は「日本兵のものだ」と確信していた。

この地で日本軍の戦車が破壊され、多くの兵士が亡くなったことは、取材からも明らかになった。高雄さんは、悲壮な状況を証言してくれた。

「〔シンゲルの戦いのときに〕日本軍の戦車もここへ来てたんだ。イギリス軍の半分くらいの大きさしかないような戦車だったけど。しかし、日本の戦車五台くらいが、ここで地雷踏んでひっくり返っちゃったんだ。戦車と一緒に行った俺の中隊、六中隊の兵士もここで戦車と一緒に吹っ飛んでいっちゃったんだ。ここでまた十何人かが犠牲になったんだ」

タン・ション・ハンさん

ある部隊は師団に対し、暗号書を焼き、無線機を破壊すると告げた。敵への情報漏洩を防ぐためで、玉砕、全滅を覚悟した時に取られる措置である。報道班員としてインパール作戦を目撃した高木俊朗氏は、こう描写している（高木俊朗『インパール』）。

笹原連隊長は本部の将兵を集めて、決意を告げた。

「いよいよ最後の時がきた。敵が来襲したら、連隊長を先頭に突撃をする。みんな、いさぎよく玉砕してくれ」

笹原連隊長は日本酒を飯盒の中蓋（なかぶた）についで、ひと口飲んで、部下の将兵にまわした。

大きな被害が出たのは、イギリス軍に南北から挟撃されたためだった。日本軍は、チンドウィン河周辺の山岳地帯にいるイギリス軍を飛び越して進軍し、シンゲルで待ち構えて退路を断つ作戦だった。ところが、北のインパール側からイギリス軍が援軍にきたことで、逆に部隊は挟み撃ちにあった。

「このシンゲルを（最初）押さえたときにはよかったんだよ。〝敵をここで袋のねずみだ〟っていうので、牟田口さん喜んだんだ。ところが、二、三日たったら、逆襲くっちゃって。それだから、二、五連隊の二個大隊やられちゃったんだよ」

これはイギリス軍の罠だったと、高雄さんは考えている。イギリス軍は、現地住民に協力者をつくるなどして、日本軍の動きを事前に把握していたと言われる。

「〔日本軍のシンゲル進出は〕成功したんでないんだ、イギリス軍の作戦にのっかっちゃったんですよね。二一五連隊の二個大隊はここで、すぐにインパールから〔英印軍の〕援軍が来たことで、今度は逆に挟み撃ちくっちゃった。だから、この二個大隊ほとんど壊滅状態になっちゃったんだよね」

国際派・柳田師団長の進言

緒戦で大きな打撃を受けた第三三師団の師団長は、長野県出身の柳田元三中将である。柳田中将は、ポーランドやルーマニアの駐在武官を務めるなど国際派の軍人として名をはせていた。私たちは古い旧陸軍将校の名簿を手がかりに、一軒ずつ訪ね歩き、東京の閑静な住宅街に柳田中将のご遺族が住んでいることを知った。孫の定久さんを訪ねると、祖母、すなわち柳田中将の妻が残した手紙があったはずだといって探してくださった。

柳田さんの家には、陸軍大学校を優秀な成績で卒業した者に与えられる、「恩賜の軍刀」が残されていた。一家の誇りとして大切に受け継がれてきたという軍刀。はばきの部分には「御賜」と刻印され、一〇〇年近くを経た今でも、鋭い光をたたえていた。インパール作戦当時の大本営参謀次長・秦彦三郎中将と、駐在武官時代に二人で写った写真もひときわ目を引いた。

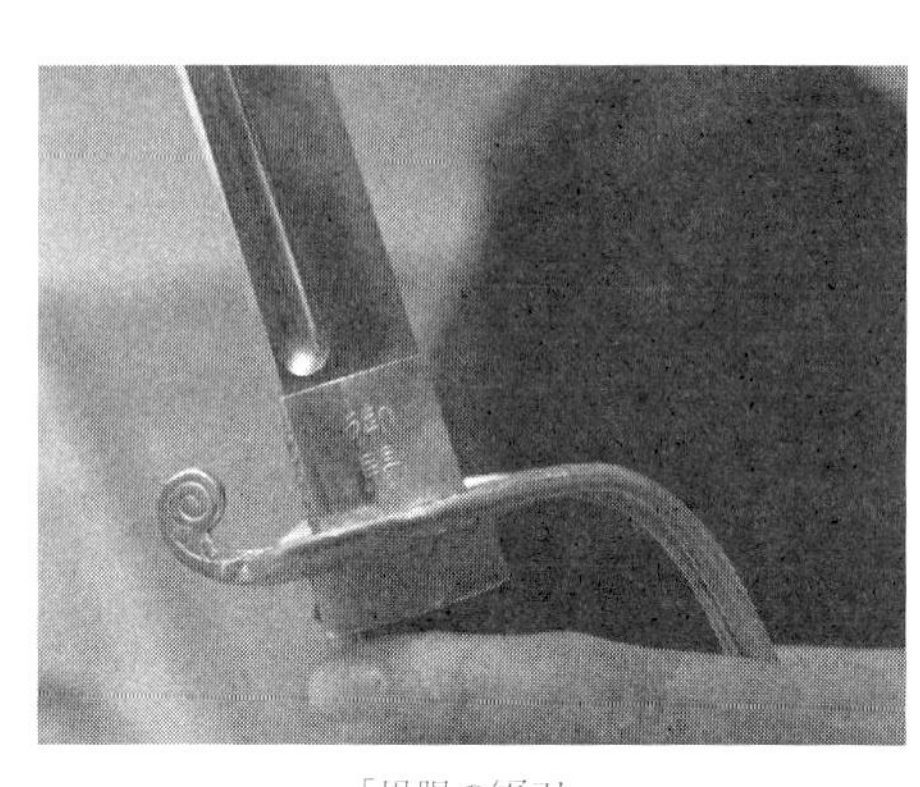

「恩賜の軍刀」

取材中、定久さんは、仏壇の下に祖母が大切にしていた箱が残っていることを思い出し、私たちのために開けてくれることになった。そこには、ヨーロッパ駐在時代に現地から家族に送られた手紙や葉書の数々、そして各国のビザでいっぱいになったパスポートなどがあった。

柳田中将は後述するように、インパール作戦中に牟田口司令官から更迭されることになる。その後満洲国に隣接する日本の租借地関東州の警備司令官として日本の敗戦を迎え、ソ連軍の捕虜としてシベリアに抑留、現地で死亡した。一九五二年(昭和二七)にロシアから届いた骨壺には、名前の書かれた木の札が一枚入っているだけだったというから、家族にとってはこれらの手紙や写真が故人を偲ぶための数少ない拠り所となっていたのだろう。

見覚えのある名称の書かれた封筒が私たちの目にとまり、思わず手にした。裏書きに「ビルマ派遣　弓　柳田元三」とあり、第三三師団の別称「弓」の文字から、現地で書かれた手紙であることが一目で分かったのだ。そこには日本に残してきた子供たちに向けてこう書かれていた。

「隊員は本当によく戦っています。矢張日本の兵隊さんは強いですね、お父様も印度へ征めこんで大に働くつもりです。非常に壮健ですから安神して下さい〔略〕よくお母様の手伝をして下さい。さようなら」

手紙の中では、勇ましくビルマの戦況を伝えていた柳田中将。しかし実際は、上からの作戦の実行命令と作戦自体への疑問の狭間で揺れる日々を過ごしていた。

柳田中将は、作戦開始の前年(一九四三年)三月に第三三師団長に就任。作戦においては、南から最も長い距離を通ってインパールを目指す行軍を命じられていた。牟田口中将とは陸軍省時代に机を並べて勤務した仲だったが、性格は対照的で、慎重・合理的な性格の持ち主だったと言われる。柳田中将は、作戦の準備段階からその実現性について疑問を呈していた。田中新一第一八師団長の手記によれば、牟田口司令官がインド進攻計画を開陳した会議の後、柳田師団長は田中師団長に対して「軍司令官の要求ははなはだ実情を無視するものだ」と苦悩をもらしていたという。その後も、作戦自体に納得していない柳田師団長の消極的な態度が続いたことで、牟田口司令官は憤慨し作戦の実行を厳命するなど、二人の溝は深まっていったのだった。

三月八日の作戦開始から一週間。イギリス軍との間で起こった最大規模な戦闘が、先述したシンゲル周辺の闘いである。柳田中将のもとには、当初一個師団二カ月分の糧秣・弾薬を鹵獲したとの報告が届くなど善戦していたものの、南北から挟撃され、半数が死傷する大隊も出るなど損害が拡大していった。

さらに戦闘から一〇日ほどたった頃、現場からは「連隊は軍旗を奉焼し、暗号書を焼却する準備をなし、全員玉砕覚悟で任務に邁進す」との電報が届くようになった。これを受けて、柳田中将は以下のような電文を牟田口司令官に出すことにした。

インパール平地への進入を中止し現在占領しある地域を確保して防衛態勢を強化すべき

シンゲルの戦いで多大な損害を出した柳田中将は、当初の自分の意見通りインパール作戦自体の中止を訴えたのである。その理由として柳田中将は、「約三週間をもってインパールを攻略することは絶望となった。しかも雨季の到来と補給の困難とは悲惨な結果を招来する」こと、「わが編成装備はきわめて劣弱であって、敵に比べ総合戦力不十分、いたずらに人的消耗を招くのみ」であることの二点を挙げた。イギリス軍と激闘を繰り広げた柳田中将は、日本軍の武器の能力の劣位を体感し認めた上で、牟田口司令官がこだわる三週間でのインパール到達が到底無理だということを改めて悟り、電文を打ったのである。

しかし、牟田口司令官は作戦開始当初から消極的だった柳田中将に激怒し、自らの部下を直接柳田中将の元へ派遣、突進を命令した。無理な突進を命じられた柳田中将は、シンゲルの戦いですでに多数の死傷者が出ている現状を赤裸々に伝え、さらなる再考を牟田口司令官に懇請している。

> 師団は死力を尽して任務の達成に邁進すべきも、敵の企図、作戦地の状況、部隊の現況等よりみて大なる御期待に副(そ)い得ざる現況にあり。謹みて御詫(おわ)び申し上ぐ。しかして小官のもっとも憂慮するところは、これがため軍主力方面にもこの不祥事の生ずることにして、至急適切なる対策を講ずるの要ありと認め、忍び難きを忍びてあえて意見を具申す。特に賢察を賜わりたし。

この後、牟田口司令官は消極的な態度の柳田師団長に見切りをつけ、第三三師団の参謀長だった田中鉄次郎大佐に実質の指揮を委譲すると結論づけた。このときの心情を牟田口司令官は戦後、次のように語っている。

> 〔柳田中将が〕戦況悲観病に冒されあるを感ぜずにはいられなかった。〔略〕

私が第三十三師団長であったら、〔略〕敵と一体になり、敵と混り合って一挙に〔インパール付近の〕ビシェンプールに飛び込んで行ったであろう。

あの時師団が飽くまで強気で果敢な追撃戦を実行しておれば、常に戦場の主導権を握り、終始敵をして我に追随せしめ得たものと信ずる。

自分であれば、強気の作戦指導で戦局の打開を図り、戦い全体を好転させることができたとの牟田口司令官の回想。しかし、三週間分の食糧しか携行していなかった部隊の糧秣は当時すでになくなっており、弾薬も不充分であった。戦争の勝敗は始まる前に決定しているという言葉があるが、インパール作戦の場合、戦術思想において、糧秣・弾薬等の手配を軽視し、常に精神論に頼る日本軍は、万全な補給策を練っていたイギリス軍に対する敗北が決定していたと思わざるを得ない。また、その点を分析し指摘する指揮官が確かに存在したにもかかわらず、作戦実施前にはインド進攻や戦局打開という抽象的な目標にそぐわないとして、作戦の実施中には悲観的にならなければ目的は達せられるとして、直視されなかった。

その後、五月九日には柳田中将の更迭が決定した。柳田中将は後任の田中信男少将への申し送りの際、「戦況は刻々不利にして師団の全滅は時間の問題」という言葉を残している。田中少将はこのとき、「秀才の弱音」と受け取っていたが、その後、柳田中将が危惧していた事態が次々に起こるのであった。

司令部に響く怒号

牟田口司令官が殊勲をたてた一九四二年のシンガポール攻略戦では、二月一一日に多くの日本兵が命を落としたと言われる。この日、紀元節(現在の建国記念日)に攻略する名誉にあずかりたいと、上層部が無理な命令を出した結果であった。

インパール作戦においては、牟田口司令官は四月二九日の天長節を攻略の目標に掲げた。しかし思わぬ苦戦を前に、司令部にはいつも牟田口司令官の怒号が響いていたという。

牟田口司令官に仕えていた齋藤元少尉の「回想録」――。

「弓烈祭三師団長と牟田口司令官との喧嘩(けんか)のやりとりが続きました。司令官は、〝善処しろとは何事か、バカヤロウ〟の応答だった」

司令部には、大きな損害を知らせる報告が前線から次々と届いていた。齋藤元少尉は、牟田口司令官や幕僚たちが語っていた言葉に衝撃を受けた。

「私は、第一五軍経理部に所属していました。作戦会議に出席した経理部長の資料を持って同行し、別の部屋で待機していました。呼ばれて資料を会議室に携帯しました。

牟田口軍司令官、久野村参謀長、木下高級参謀、各担当参謀と各部長が参集していました。

私が入った折、牟田口軍司令官から作戦参謀に〝どのくらいの損害があるか〟と質問があり、〝はい、五〇〇〇人殺せば〔陣地を〕とれると思います〟〔と〕の返事に、〝そうか〟でした。

最初は、敵を五〇〇〇人殺すのかと思って退場しました。参謀部の将校に尋ねたところ、〝それは味方の師団で、五〇〇〇人の損害が出るということだよ〟とのことでした。

よく参謀部の将校から何千人殺せば、どこがとれるということを耳にしました。日本の将兵が、戦って死ぬことを「殺せば……」と平然と言われて驚きました。

まるで、虫けらでも殺すみたいに、隷下部隊の損害を表現するそのゴーマンさ、奢り、不遜さ、エリート意識、人間を獣か虫扱いにする無神経さ。これが、日本軍隊のエリート中のエリート、幼年学校、士官学校、陸軍大学卒の意識でした」

「どのような思いで、この言葉を聞いたのですか」――齋藤さんが入院している病院の一室で、私たちは、紙に書いて尋ねた。

齋藤さんは、私たちが最初にインタビューさせていただいてから一カ月後の二〇一七年五月、軽い脳梗塞を患い、別の病院に転院していた。日誌が見つかったことからあらためてお話を聞きたいと思っていた私たちは、病状も回復した六月、短時間という条件でインタビューを許された。

先の質問に対し齋藤さんは、一言一言、言葉を選ぶように語り始めた。

「陸軍の指導部が、ともかく自分たちの始めた戦争で、〔兵隊を〕殺すのが当たり前だった。だから、兵隊さんは、味方の上層部から、そのぐらい殺せ、死ねば俺の名前が上がると。〔略〕これだけ死ねばとれる、自分たちが計画した戦が成功した。〔略〕日本の軍隊の上層部が、自分たちの手柄がどのように国民に紹介されていくか〔を気にしていた〕」

齋藤さんは言葉を詰まらせながら、続けた。

「敵なら分かるんですね、戦っててね、相手を五〇〇〇人なら当然です。ただそれも、自分の部下であり。〔略〕悔しいけれど、兵隊に対する考えはそんなもんです。だから、知っちゃったら、辛いです」

嗚咽（おえつ）とともに、吐き出すように語った。

運命のいたずらで、二三歳の若さで〝命じる側〟に身を置くことになってしまった齋藤元少尉。その重みに、慄（おのの）くかのようであった。

混乱する指揮

一九四四年三月一五日、北のルートからインド進攻を試みた第三一師団。他の二つの師団がインパールを目指したのに対し、第三一師団が目標としたのは、インパールの北部に位置する街コヒマだった。コヒマは、イギリス軍の拠点がある西のディマプールと南のインパールを結ぶ交通の要衝であった。牟田口司令官が野心をたぎらせるアッサム州に通じる地でもある。ここを攻略し、インパールにいるイギリス軍の退路を断ち、他の師団とともに挟撃するのが牟田口司令官の狙いであった。

前述の通り、第三一師団は食糧の不足や峻険な山道に苦労を重ねながらの行軍となった。途中、各地で戦闘を続けながらも、概ね予定通りに前進することができた。

第三一師団の部隊がコヒマに到達したのは、作戦開始から三週間後のことであった。このとき、参謀総長も兼任するようになっていた東條首相から、「天皇陛下は烈（第三一師団）および弓（第三三師団）兵団がよく勇戦奮闘したることに対し嘉賞のお言葉を賜わり、感激にたえず」という電報が、佐藤幸徳師団長のもとに届いた。南方軍、ビルマ方面軍、第一五軍からも祝電が届けられた（高木俊朗『抗命』）。

ここで一悶着が起こった。牟田口司令官が、コヒマからディマプールへ、さらなる進

コヒマ

撃を求めたのである。アッサムまで攻め込んでインドを揺さぶり、「戦争全局面を好転させたい」という野心を現実のものにする、絶好の機会が訪れたと考えたのである。

しかし、それまで牟田口司令官を後押ししてきた人物が「待った」をかけた。ビルマ方面軍の河辺司令官である。作戦計画の範囲を超えるものとして、中止を命じたのであった。そもそもの攻略目標であり、二つの師団が向かっているインパールを飛び越えて、さらに進撃することは、さすがに許容できないと、考えたのであろう。

奇妙な新聞記事がある。「コヒマ東北要衝へ有力兵団進撃」という見出しの横に、中止されたにもかかわらず、「ディマプールへも急追」という大きな文字が躍っているのだ(『朝日新聞』一九四四年四月二〇日)。

第一五軍の司令部が置かれたメイミョーには、各紙の新聞記者が詰めていた。

牟田口司令官への取材対応を取り仕切っていた人物が健在であることが分かった。愛知県瀬戸市に住む、山崎教興(やまざきのりおき)元少尉(九五)である。帝国美術学校(現在の武蔵野美術大学)の学生だった山崎さんは、途中退学し、陸軍士官学校に入り直したという。家には、山崎さんが描いたたくさんの絵がかざられていた。インタビューでは、大きなはっきりとした声で、当時の司令部の様子を語ってくれた。

「牟田口っていう人はね、上には弱い人、下には強い人」

山崎教興さん

牟田口司令官は「気分屋」であったため、山崎さんは記者に「甲」「乙」で、機嫌の良さを伝えるのが日課だった。機嫌の良い時は、大風呂敷を広げるのが常だったという。「朝日〔新聞〕とか毎日〔新聞〕とかいう、そういう大きくやるところには非常にいいお話をする。もうとにかく国の人たちが、〝おお、やったー、日本はやった!〟と、こう景気よくやらにゃいかんと。嘘も方便という。嘘でもええと」先の「ディマプールへも急追」の記事も、牟田口司令官の言葉を鵜呑みにして書かれたものかもしれない。しかし、その後の戦況は、「急追」どころか日に日に悪化していくのである。

コヒマ攻防戦の死闘

コヒマは、インパールの北およそ一五〇キロにある、ナガランド州の州都である。標高一五〇〇メートル近く、起伏が激しい。インド・ミャンマー国境地帯に暮らすナガ族の各部族が、尾根の周辺に生活拠点を築いてきた。ディマプールとインパールを結ぶ動脈である道路も、尾根に沿うようにつくられている。それぞれの道の結節点は、コヒマ三叉路と呼ばれている。

現在の人口はおよそ一〇万、車が激しく行き交うが、信号などのインフラが整っていないようで、制服を着た交通整理員が忙しそうに車をさばいていた。

第三一師団の急襲に圧され、コヒマを明け渡したイギリス軍であったが、態勢を立て直し、頑強に抵抗した。三叉路からインパールに向かう道の周囲は、デコボコした丘に

コヒマ三叉路

なっている。その頂上に、イギリス軍は陣地を築き、火砲や戦車で日本軍に対峙した。イギリス側が撮影した映像には、三叉路を高速で走る装甲車の姿と、銃を手に待ち構える兵士たちが収められていた。土嚢（どのう）に据え付けられた回転式の機関銃からは、凄まじい量の銃弾が放たれている。イギリス軍の豊富な物量を感じさせる記録である。

日本軍は、それぞれの丘に、南側からヤギ、ウマ、ウシ、サル、イヌなどと名付け、制圧を期した。しかし、彼我の戦力の差は歴然としていた。戦後、イギリス側が行った聞き取りに対し、佐藤幸徳師団長はこう答えている。

「コヒマに到着するまでに、食糧はほとんど消費していた。後方から補給物資が届くことはなく、コヒマ周辺の食糧情勢は絶望的になった」

戦力で劣る日本軍の戦術は、夜間突撃であった。

ある部隊は、数多くの手榴弾を携行し、イギリス軍の陣地のある頂上を目指して駆け出した。崖にハシゴをかけ、鉄条網を切断しながら敵に近づき、敵陣地の防壁にあいた銃眼などに手榴弾を投げ込むのである。しかし、数々の障害に手こずる日本兵は、機関銃の標的となってしまった。

第三一師団山砲兵第三一連隊元上等兵の山田直夫さんが命じられたのは、「肉薄攻撃」だった。爆薬を抱えたまま、敵の戦車に飛び込むのである。敵の攻撃に晒されるのはもとより、自らの爆弾で命を落とすことを覚悟した上での攻撃であった。

「肉薄攻撃隊というのは、もう〝行け〟と言うたら死ぬのがわかっとって行くんですけんな。そやけんもう、九・九分まで死ぬのがわかっとって、〝行け〟と言ったら、もうこれは行かないかんわけです」

山砲兵の山田さんに大砲を使わせず、肉薄攻撃を命じざるを得ないほど、日本軍は追い込まれていた。しかも、イギリス軍の戦車は装甲が厚く、たとえ攻撃したとしても破壊できないこともあった。山田さんの戦友たちが、一人、また一人と飛び込んでいった。一〇人ほどが出て、帰ってきた者はいなかった。山田さんの順番が近づき、いよいよ死を覚悟した時に、中止命令が出た。

最大の死闘となったのは、イヌ高地の近くで起きた攻防戦であった。高地の一角に、一面のテニスコートがあり、ここを挟んで日英両軍は、手榴弾を投げ合う肉弾戦を展開した。〝テニスコートの戦い〟と呼ばれている。

イヌ高地を、イギリス側はギャリソンヒルと呼んでいた。この丘に陣取っていたのが、元イギリス軍兵士のジョン・スキーンさんであった。取材当時九八歳であった。スキーンさんは、ロンドンから車で三時間、西におよそ一九〇キロ向かったブリストルの郊外にある高齢者用のマンションに一人で暮らしている。この日はスーツを着て、私たちの到着を待っていてくれた。家にはインパール作戦に関するたくさんのDVDや書籍が集められていた。「番組制作のためなら、貸してもかまわない」と、気軽に話してくれ、いくつかをお借りした。

ジョン・スキーンさん

取材では、二〇人以上の退役軍人にアプローチをしたが、日本と同様、ほとんどの方が亡くなられていて、証言を聞けたのは数人だけだった。また、退役軍人の日本に対しての感情はあまりよいものではなく、協力を拒否されたこともあった。イギリスでは日

平山良映さん

本軍の捕虜の扱いに関して遺恨が残っている、という話をよく聞いた。

スキーンさんから、イギリス軍の視点に基づく証言を得られたことの意味は大きかった。

日本兵は、日中は壕にじっと身を潜め、夜になると突進してきた。命を省みない攻撃だったという。

「日本軍は自ら掘ったたこつぼ壕から突然現れ攻撃を仕掛ける。彼らはとても危険だった」

これに対しイギリス軍は、機関銃、戦車砲、火炎放射器などで応戦した。

「私は四〇人を殺しました。大げさに言っているわけではありません。我々には、極めて強力な武器がありました」

テニスコートの戦いに参加した日本軍の元将校にも会うことができた。埼玉県飯能市に住む平山良映(ひらやまりょうえい)元少尉(九六)。当時、第三一師団歩兵第五八連隊第三大隊の機関銃中隊の小隊長として兵を指揮する立場にあった。

「これに失敗するとそこで死ぬ……。〔わかっていながら〕〝お前、ここから登ってあそこへ爆弾投げてこい〟と、俺は部下に叫び続けた。部下たちは皆、死んでいた。しかし、その中から俺は生き残った」

ここまで言うと、平山さんは目線を逸らし、しばし沈黙した。そして、こちらに向き直ると「一番、悪の方だ……」と、ゆっくり自分を指さした。その目には涙が滲んでいた。

平山さんは、戦後教員免許を取得し、小学校の校長まで務めた。それとともに、実家の寺で修行して飯能市にある廣渡寺の住職になり、亡くなった部下や戦友の供養を、毎日欠かさずに行っていた。

「平和は乱しちゃだめだ。平和な生活を続けて生きてくれと、拝むだけ、僕の力、そんなもん」

平山さんは、僧侶として、そして戦友として、合計七回、コヒマやミャンマーに遺骨収集や慰霊のために訪れ続けた。

日本兵は圧倒的劣勢の中で、勇敢に戦った。しかし、夜間突撃は一時的な攻勢をもたらすことはあっても、戦局を変えるまでには至らなかった。それでも突撃は何度もくり返された。

イギリス軍を率いたウィリアム・スリム将軍は著書の中で、日本軍についてこう記している。

「日本軍は意図がうまくいっている時はアリのように冷酷で、勇敢だ。しかしその計画が妨げられたり、退けられたりすると——再びアリのように——混乱に陥り、順応し直すのが遅く、必ず最初の構想に長くしがみつきすぎた」

私たちはイギリスで、日本兵の遺書を見つけた。

「塹壕の中で、私はあなたのことを長い事なんとか忘れようとしました。私は生きて家に戻れることはないだろう。私が殺されたら、あなたは自由にあなたの望むように人生を生きなさい。将来、あなたがあなたの家族と幸せになることを私は切に望んでいます」

遺書の原文は失われていた。戦闘のあと、イギリス軍に発見されて英語に翻訳され、タイプ打ちされたものだけが残っていたのである。最愛の人に届くことはなかったのだ。

激戦地となったテニスコートは、現在は戦争の歴史を伝えるモニュメントになっている。芝生には、テニスコートのラインのように白いレンガが埋めこまれていた。モニュメントの南側には桜の木があった。ここは、日本軍が桜にかくれてイギリス軍を狙撃した場所だという。当時の桜は戦火により枯れてしまったが、新たに植え替えられた。北側は、イギリス軍の陣地だった杉林。そして、この地に一〇〇〇人のイギリス軍兵士の墓が建てられた。

イギリス軍の建てた戦死者の記念碑には、こう刻まれていた。

「あなたたちが母国に帰ったら、私たちのことを伝えてほしい。私たちは、あなたたちの明日を与えたのだと」

一方、コヒマの激闘で命を落とした日本兵は三〇〇〇人以上と言われる。その遺骨はどうなっているのか。厚生労働省の資料では、「コヒマ周辺」の政府派遣収容遺骨数は二三三となっている。

今も多くの遺骨がこの地に残っているだろう。祖国から遠く離れた地で戦い、帰国も果たせなかった日本兵のことを思うと、言葉が見つからなかった。

戦争の悲惨さが伝わるならばと、当時の状況を詳細に語ってくれた元イギリス軍兵士のジョン・スキーンさん。二〇一八年四月、イギリスのリサーチャーからスキーンさんが亡くなったという報せが届いた。一〇〇歳を目前に亡くなったスキーンさんは、最後まで、戦争の記憶と向き合い続けていた。

分断された山岳地帯の村々

戦場となったコヒマの人々についても、触れておきたい。私たちがコヒマに入って驚いたのは、ナガ族の男性が披露してくれた歌だった。

プコホ・ロルヌさん

八九歳のプコホ・ロルヌさんは、私たちを笑顔で迎え、指揮棒を振るまねをしながら歌い出した。

いち、にい、さん
白地に赤く　日の丸染めて　ああ美しや
日本の旗は

七〇年以上前に覚えた日本語とメロディーを、鮮やかに諳（そら）んじてみせた。実は、インパール作戦の前から、日本軍はインド工作を展開していたのだという。コヒマには、日本語学校がつくられ、ロルヌさんはそこで「日の丸の歌」を学んだと語った。

インパール作戦が始まってからは、日本軍は「同じアジア人」であることを強調し、ナガ族を懐柔しようとした。道案内や物資の運搬のために、部族の人々を雇うなどした。

イギリス軍側も、日本軍の動きを知らせるよう、ナガ族の人々に協力を求めたり、武器を与えたりした。ロルヌさんも、「物資を与えるから、味方にならないかと迫られた」という。コヒマの人々は、日本軍につくか、イギリス軍につくかで分断されたのである。


コヒマの戦いで日本軍の食糧補給基地が置かれたビスウェマ村。後方からの補給はなかったため、この地域で徴発した食糧を蓄える場所だったと思われる。この村にはかつて軍票の印刷工場もあったことが分かった。私たちが村の長老に、「戦争中の話を聞かせてほしい」と頼むと、集会所に三〇人ほどの人が集まってくれた。遠くから来た私たちへの礼を示そうと、多くの人が古くから伝わる赤地の織物を肩から掛けていた。部族ごとに絵柄が異なるのだという。

「イギリス軍の飛行機によって空から爆弾が降ってくるなんて、思いもしませんでした。仲間が死んでいき、村は、悲しみにくれるしかありませんでした」

「夜になると、日本軍は、イギリス軍に向けて叫びながら突撃していきました」

「日本軍の将校は、〝この村に私たちの基地を置いたことで、兵士たちが、あなた方の牛や豚を殺し、大きな迷惑をかけてしまった〟と謝罪して撤退していきました」

さらに、イギリス軍に協力したという村に案内してもらうと、そこには碑が建っていた。驚いたことに、日本兵のための慰霊碑だった。

コヒマの人々にとっては、イギリス軍も日本軍も「ヨソ者」である。ヨソ者がやってきて、勝手に戦争を始め、空から爆弾を放ち、丘の形が変わるほど砲弾を浴びせた。多くのナガ族の人々が巻き込まれ、犠牲になった。戦後も、不発弾が多く残り、死亡事故も起こったという。

これも、私たちが知らなければならない歴史である。

第４章
遥かなるインパール
── 総突撃の果てに ──

現在のレッドヒル

「天長節までに……」――神がかりの司令官

インパール作戦が始まってからも、牟田口司令官は、避暑地であるメイミョーの第一五軍司令部にとどまり続けた。メイミョーには、清明荘という将校専用の料亭があった（高木俊朗『抗命』）。畳やふすまなどが使われた日本風の内装で、芸者や仲居も日本から来ていた。厳しい戦況を知らせる前線からの報告を、この料亭で伝えることもあったという。齋藤元少尉は悔しさを押し殺しながら、こうインタビューに答えている。

「私は、あそこで、あの人たちにいろんな情報を報告しました。そのときに、彼らは、日本から来ていた芸者を相手に飲みながら。だから、一将校の命がけの連絡も、芸者のところで聞いていたわけです。誠実に報告してもだめです。命をかけた戦（いくさ）の大事な情報を、女と酒を飲みながら、聞いていた」

ひとり、牟田口司令官だけではない。多くの将校に専属の芸者がいて、司令部を視察に来た将校の接待などと称して、宴会を繰り広げていたという。メイミョーは、別天地であった。

齋藤元少尉が回想録のタイトルにした「五〇〇〇人殺せば〔陣地が〕とれる」という言

葉は、こうした参謀部の将校たちが頻繁に語っていたものだった。
「インパールは天長節（昭和天皇の誕生日。四月二九日）までには必ず占領してご覧にいれます」とことあるごとに口にしていた牟田口司令官は、三つの師団を鼓舞しつづけた。

前線ではどのような戦いが繰り広げられていたのか。南からインパールを目指した第三三師団歩兵第二一四連隊の元軍曹・鈴木公さん。鈴木さんが口に重傷を負ったのは、天長節を目標にインパールへの進軍を急いでいた最中のことだった。高地に陣取るイギリス軍と対峙した。

驚いたのは、敵の戦車の大きさだった。日本軍のそれとは比べ物にならない巨大さだったという。ある時、敵の攻撃に備えて伏せていた鈴木さんたちの近くに戦車が現れた。歯向かうだけの武器はなく、敵に察知されないよう、ただじっとしているしかなかった。伏せたまま、用を足したという。すると、戦場に似つかわしくない音が聞こえてきた。
「東京音頭など日本の懐かしい音楽や、投降をよびかけるアナウンスが毎日のように流れてきてね」

時には日本軍の不利を伝えるビラがまかれたこともあった。アナウンスが終わると、一斉に攻撃が始まったという。

天長節まで一〇日ほどに迫った四月一八日、もやのたちこめた夜明け時に、上官から反撃の命令が出た。敵へ向け〝突っ込め〟という。合図とともに立ち上がった瞬間、鈴木さんの近くで、敵の爆弾が炸裂した。破片で口が裂け、大量の血が噴き出し、その場に倒れ込んだ。突撃する戦友たちの声が聞こえてきた。

「〝天皇陛下万歳〟って言う人は少ないですから。たいがい、お母さんの名前、お父さんの名前を呼んで死んでいきますね」

鈴木さんは後方へ移送され、九死に一生を得た。戦友たちの声が、今も耳朶にこびりついて離れないという。

日本軍は、夜間の斬り込みなどでイギリス軍に損害を与えつつ、インパールに向けて前進を続けた。しかし、天長節まで、という牟田口司令官の思惑通りには進まなかった。現地の師団長からは作戦の変更や補給を求める訴えが相次いだ。齋藤元少尉の「回想録」には司令部の様子が記されている。

「雨期に入る迄に落とすはずのコヒマは攻略したものの奪い返され、インパールには敵の航空機による空輸。戦車に包囲されたまま、米一つ、弾薬一つ送れない。

〔略〕三一師団長が〝作戦開始以来、弾丸一発、米一粒の補給なく、師団はめしのくえる処迄さがる〟との電報に〔牟田口司令官は〕〝抗命罪だ。死刑だ。貴様には大和魂があるのか〟と。

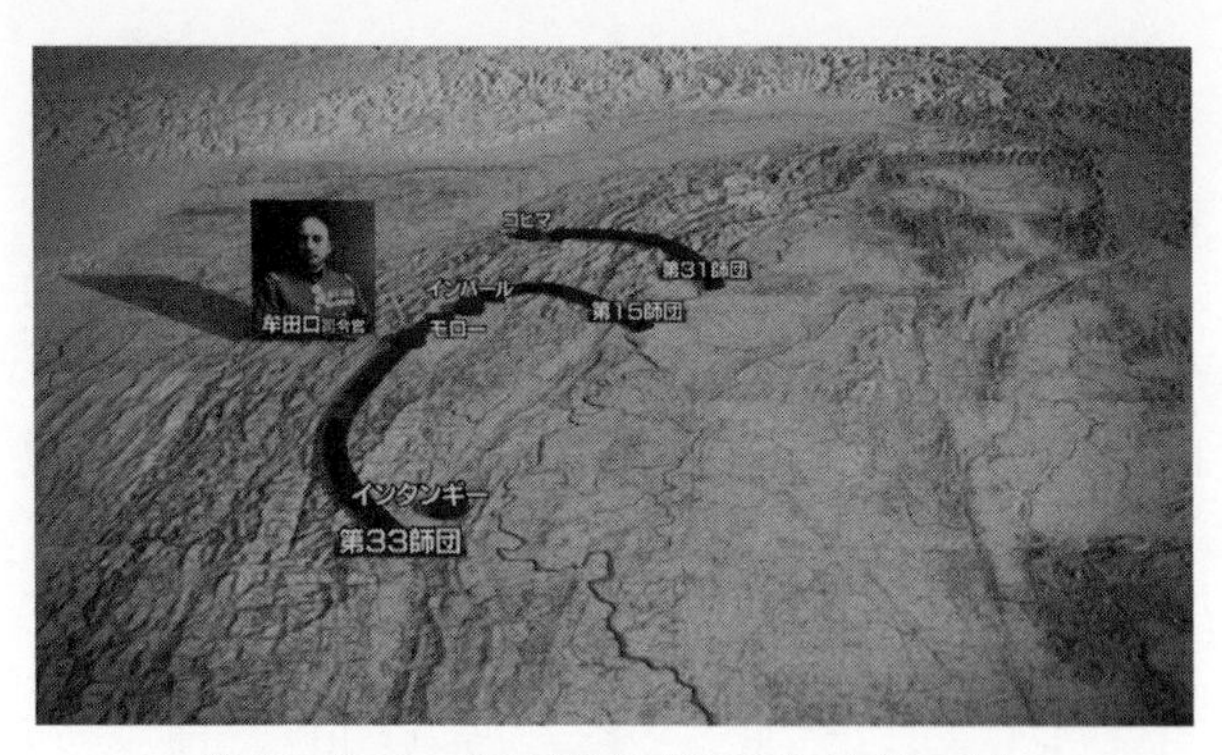

第15・第31・第33師団と第15軍司令部の動き

通常、直属上司の命令に戦争中背けば抗命罪にて銃殺刑でした」

四月下旬、業を煮やした牟田口司令官は、ついに司令部を前線付近に移すことを決意する。チンドウィン河を渡り、インパールから南へおよそ一八〇キロのインタンギーに進出した。そこには、野戦病院があり、負傷した兵士が前線から次々と担ぎ込まれていた。病院に収容しきれず、重傷の兵士たちまでが道に寝かされていた。

齋藤元少尉にとって、インタンギーの朝は気が滅入るものだった。「回想録」には次のような記述がある。

「戦闘司令部では、毎朝、牟田口司令官の戦勝祈願の祝詞(のりと)から始まります。〝インパールを落とさせ賜え〟の神がかりでした。私達は、道路上の兵隊の死体仕分けから始まります」

司令部を移したところで、戦況が好転するはずもなく、戦死者は増える一方だった。天長節を過ぎると、牟田口司令官の怒りは頂点に達した。苦戦の原因は、もともと作戦に消極的だった師団長にあるとして、南からインパールを目指していた第三三師団の柳田元三中将の更迭を上申したのである。五月九日のことであった。

後任には当時まだタイにいた田中信男少将があてられた。しかし、少将では師団長にはなれないため、師団長心得という変則的な人事となった。

田中少将がタイから現地に向かう間、第三三師団は師団長不在となった。その間、陣頭指揮を執った牟田口司令官は、指令所をインタンギーから、さらに最前線に近いインド・モローに移した。その意図を、戦後こう語っている（連合国軍側による、牟田口元中将に対する尋問調書）。

「全兵力を動員し、軍戦闘指令所を最前線まで移動させることで、戦況の潮目を一気に変える計画を立てたのである」

牟田口司令官の督戦によって、イギリス軍との死闘が繰り広げられることになる。

血で染まった丘　レッドヒル

インパールから南に一五キロ、平地にぽつんと突き出た丘がある。二九二六高地、通称「レッドヒル」。日本兵が流した血によって赤く染まったことから、この名がある。一九四四年五月下旬の九日間、インパール作戦最大の激戦のひとつがここで行われた。

私たちは、レッドヒルでの戦いを経験した人たちの取材に力を入れた。悲惨な戦いの実相を元兵士たちから聞き取り、記録に残したかったからである。

第三三師団歩兵第二一四連隊直轄中隊の元兵長・高雄市郎さんは、牟田口司令官が前線に移動し、陣頭指揮をとった時のことをはっきり記憶していた。高雄さんはこの頃、連隊本部から連隊の直轄中隊への連絡係を務めていたため、第一五軍、師団、連隊のやりとりを知りうる立場にあったという。

「いや、これは、もう最悪だと思ったね。兵力がとにかく三分の一くらいになっちゃったんだからね、あそこ〔レッドヒル〕に行ったときには。相手は、どんどん増強されてる。こっちは、どんどん減っていく。全滅、連隊全滅っていうことを覚悟してるんだから。連隊長は、最後には〝自決しかない〟って。自分の部下がみんないっぱい亡くなってるでしょ。連隊長の名前は作間〔喬宜大佐〕だったかな。近くにいる兵隊に、〝拳銃、手榴弾〟って、そういうふうに求めたそうだよ。自決する気になって」

レッドヒルは、インパールに向かう道沿いに屹立しており、かの地を落とすためには確保が不可欠であった。高雄さんが所属する第二大隊五〇〇人は、レッドヒルに突進したが、イギリス軍の激しい銃撃を浴びた。その時のことを高雄さんは、堰(せき)を切ったように話し始めた。

「忘れられないよね。いまだに亡くなった戦友の顔が浮かぶよね。私と同年兵のアサイっていう背のすらっと高い。背が高いんで、陣地に着いても顔が出るわけだよ。そんで、私、見ていて〝アサイ、気を付けろ〟って言ってるうちに、バチーンと音がしたと思ったら、頭部貫通で即死。そういうことがあったよ。このころには、五八人いた同じ中隊の同年兵の半数以上が亡くなって、けがや病気で後方に退がった者も多くて、戦地には一〇人くらいしかいなかったね。別の亡くなった方は、腹部に破片食らってね。内臓出ちゃってね。その人の胸にあった貴重品を抜いてみたならば、〝戦陣訓〟っていう兵隊が常に携帯している本の間に、家族と私的に撮った写真があった。それが、いくらか弾が当たってね。傷になって残って。やっぱり、家族の写真を見た時は、もう何と言っていいか分からないよね」

部隊の指揮系統は乱れ、乱撃戦となった。

「もうこれはいよいよ最後の、とにかく最後にひとあばれしておしまいになっていくっていうのは、いわゆる玉砕だな。一つの統制のとれたものじゃなくて、何か無茶苦茶っていうような感じを受けたね。うん、何もこんなことまでしなくてよかんべというような感じを受け取ったね。最後のころはね」

高雄さんは、毎日、午後三時になると連隊本部で副官から「命令受領者集合」と言われ、軍司令部や師団司令部の命令を聞いていた。自ら陣頭指揮をとった牟田口司令官は、戦闘指令所のあったモローから、「一〇〇メートルでも、二〇〇メートルでも前に進め」と、総突撃を指示し続けていたという。最後は、「一歩でもインパールに近づけ」という言葉に変わっていったという。

レッドヒルから退却する部隊の救出に行くよう、作間連隊の副官に命じられた高雄さんは、レッドヒルから連隊本部に戻る途中のロクタク湖近辺で退却する兵士たちに遭遇した。その時にも悲劇が起きた。

「患者がいっぱい、けがした人もたくさん出たでしょう。その患者を収容に出かけたわけだ。歩けない人をなんとかして連れてこなくちゃならないから。そうしたら、その時、けがをしたタケナカっていう機関銃の中隊長だったけど、連隊本部までくる途中で自決しちゃったんだよね。この人のけがは、そんな命にかかわるようなけがではなかったんだけど。レッドヒルの攻撃のときに、間違って友軍を撃っちゃったんだよ。機関銃で八中隊の兵隊を。その責任を感じて、それで自決しちゃったんだよね。撤退する途中でね。そういう場面もあるんだよ」

忘れ得ぬ大尉

取材の中で、高雄さんが、どうしても伝えておきたい人がいると、切り出した。連隊の中隊長をつとめた、山守恭大尉のことであった。

山守大尉については、報道班員として作戦を目撃した高木俊朗氏が、著作『インパール』の中で詳細に綴っている。

「山守大尉は、企図した通り、ビシェンプールの北端の竹やぶに向って突入した。そこには、山守大尉の判断したように、連合軍の高等司令部があった。山守大尉は先頭になり、七十名の兵が一列縦隊になって斬りこんだ。司令部の周囲には鉄条網があり、そこを突破する時から、バリバリと撃たれた。

山守大尉は司令部の庭に突入し、集中火をあびながら、頑強にとりついていた。この果敢な奮戦に感じて、英印軍指揮官が、投降を勧告した。だが、山守大尉は応じなかった。包囲していた機関銃砲は一斉に火を吐いた」

当時、高雄さんがいた連隊本部は、山の中腹にあるヌンガンという部落にあった。レッドヒルと、そこから一〇キロほど離れたビシェンプールの町が見渡せる場所だ。レッドヒルと同様に、ビシェンプールの占領がインパール進撃のために必須であった。その任に当たったのが、山守大尉が率いる部隊だった。

ビシェンプールでは、苦戦が続いていた。山守大尉に先だって、松村昌直大尉が指揮する部隊が夜襲を仕掛けていた。不意を突かれたイギリス軍は大混乱に陥り、ビシェンプールの要衝、三叉路を一度は確保した。

兵士たちは、付近にたこつぼを掘り身を隠していたが、夜が明けると、イギリス軍の巨大な戦車が現れた。天蓋から頭を出したイギリス兵が、たこつぼの位置を確認、戦車砲と機銃で一つずつ潰していったのである。この攻撃は、松村大尉以下、全滅に近い損害を出して終わった。

続く山守大尉も、生きて帰ってこられるとは、到底考えられなかった。見送る方も、見送られる方も、それが分かっていた。

「山守大尉は晴れ晴れとした顔をしていたね。その表情をみながら、お会いするのはこれが最後だと思って胸が熱くなったよ。山守大尉は、〝少しでも余裕のある米を持っていれば、出陣する兵のために分け与えてあげてはくれないか〟って言う。おれも供出したけど。そして、攻撃に行く部下に対して、〝飯盒にご飯残したって、死んじゃ食えない。だから、今晩食ってしまえ〟、そういう命令をしたんだ」

山守大尉は、ビシェンプールのイギリス軍指令所に突撃していき、二度と戻ることはなかった。

武器も食糧もない中、夜中に突進してくる日本兵は、イギリス軍を震え上がらせた。司令官のウィリアム・スリム中将は、回想録(『敗北より勝利へ』)の中で次のように書いている。

「日本軍の潜入攻撃の大胆さと最後まで戦う勇気とは驚歎すべきものがあった。第三十三師団の部隊はいかに弱められ、疲れ果てても、なお且つ本来の目的達成のため猛攻を繰り返してきた。第三十三師団のかくのごとき行動は史上その例をみざるものであった」

高雄さんは、ヌンガンで山守大尉が書いていた遺書の存在を教えてくれた。爪が添えられていたという遺書は、力強く、美しい文字で綴られていた。

「ご両親様。先立つ不孝をお詫びします。立派な死所を得、喜んで出発します。骨は一片も残りませぬ(略)。弟妹たちの成長した姿見られぬのが残念。五月二十四日　ヌンガング　死を決して安らかなり」

レッドヒル　もうひとりの生存者

高雄さんの取材から三カ月後、レッドヒルの中腹まで迫った攻撃に参加したという元兵士が東京に健在であることが分かった。電話をすると妻が応対してくれた。夫は耳が遠いため電話での応答は難しいが、家に来てくれるなら取材に応じてもよいという。

小口和二さん(九六)は、妻の笑子さんとの二人暮らし。復員後は、戦前から働いていた砂糖などを扱う食品関係の卸の仕事に再就職し、その後独立して自らの会社を立ち上げた。カップラーメンや小麦粉などを扱う卸売り会社を夫婦で成長させ、八六歳になるまで会社経営をやり遂げた。今は、演歌を聴きながら、口ずさむのが一番の楽しみだという。ご自宅は靖国神社に近く、戦友に手を合わせるために頻繁に足を運び、戦友会の活動にも積極的に参加してきた。

小口さんは、第三三師団歩兵第二一四連隊の機関銃中隊に所属する上等兵だった。仏壇には、戦友たちとほほえむ、軍服姿の小口さんの写真が置かれていた。

「おい元気か? おい、俺は元気にやってるぜ、うん。毎日、お前をお参りしているから、死んだなんて思ってないよ。生きてると思ってっから」

戦友たちに向かって、毎朝、声をかけているという。名前も鮮明に覚えていた。

「イシダタダシ、ヨシノコウイチ、イシハラヒロシ……。〝おい小口やられた〟って言われた時のことを思い出しちゃって涙します。痛い痛いって言ってる顔が忘れられない。でも手当てできないからね」

小口さんが強調したのは、イギリス軍との圧倒的な戦力差だった。レッドヒルに先立

小口和二さん

つ、ビルマ・トンザンでの戦いでは、敵と地上戦を繰り広げているさなかに、空から攻撃を受けたという。制空権は、完全に敵に握られていた。

「ちょうどとなりにヤダっていうのがおりまして、敵さんが陣地から見えるとこにいたんですよね。それで飛行機からね、射撃があったんです。英国の飛行機から。それでこういうふうに並んでて、私が三人目の一番後ろにいたんです。前にいたのが飛行機で撃たれて、そのかすり弾が私の足に来たんだ。前の二人は亡くなった。そのまま埋めてきた。けがした足は何の治療もできない。医者がいるわけじゃない。衛生兵ぐらいしかいないんだから。痛み止めと赤チンとかヨーチンを塗るだけしかできなかった。そして、お前もう大丈夫だから第一線行けと言って、第一線に帰らされました」

そして、重機関銃を仲間と一緒にかついで向かったレッドヒル。敵の姿に度肝を抜かれたという。

「敵の自動車や戦車が、広っぱにダーッと並んでんだ。とてもじゃないけど、日本の鉄砲玉ぐらいでは勝てないよ。もう恥かくようだけどさ、命ないなって話したよね。でも、命令は一台でも二台でも倒せって」

後列左端が小口和二さん

小口さんらの気持ちを見透かしたように、戦場に日本語が響いた。

「敵が、マイクで我々の方に向かって、〝日本の兵隊さん！　なぜ、こんな山まで来ているんですか？　親が心配してるから早く帰んなさい〟って言うんです。みんな泣いたですよ。言われた通り、本当のことだと。なぜ、こんなインパールの山まで来て、情けないな。それでも、国のためなんだから、国が考えていることがあるんだろうから、何とかしなきゃと思ってやりましたよね」

突撃を仕掛けたが、丘の上に陣取るイギリス軍は、機関銃や戦車砲を容赦なく浴びせてきた。小口さんが所属した第二大隊では四六〇人が戦死。生き残ったのは四〇人あまりだった。

取材が終わりに差し掛かった頃、小口さんは遠くを見つめるような表情で、語り出した。

「ジャングルの中で、仲間と饅頭(まんじゅう)食いたいなあ、蕎麦(そば)食いたいなあって、食べることばかり話していた。〔略〕もうみんな友人が亡くなって、置きっぱなしで来ちゃってるからね。それが一番寂しいです。ちょっと手で掻いて、土かぶせて帰ってきちゃったからね。まあ、元気ならば、もう一度、行ってみたいと思うけど、もうとても年齢から言うてできないからね……」

七〇年以上、小口さんを苛(さいな)んできた罪の意識。小口さんは今日も、インドやミャンマーに眠る戦友たちに声をかけ手を合わせ続ける。

レッドヒルを訪ねる

私たちは山守大尉が命を落としたビシェンプール、そして小口さんが突撃したレッドヒルを訪れた。二〇一七年五月のことだった。ニューデリーと直行便で結ばれているインパール空港からビシェンプールまでは、車で四〇分ほどである。

その道はインパール南道と呼ばれ、そのまま南に進むとビルマに行き着く。信号などは一つもない。頻繁に牛の行列が道路を横切り、その度に車はとまる。南向きに進む道とほぼ平行に右側に山地が広がる。インパール南道は、まさに日本軍が進撃してきた道であり、敗走した道である。

ビシェンプールの街には、ヒンズー教の寺院からだろうか、祈りの声があふれていた。かつての激戦地に暮らす人々は、私たち日本人にどんな思いを抱いているのか。不安を抱きながらの取材だったが、拍子抜けするほど好意的で、取材にも気軽に応じてくれた。見知らぬ子供たちもかけよって、現地の言葉で話しかけてくれる。道沿いで雑貨を販売する若者も、家族から引き継いだという戦地に残された短刀を見せてくれた。街中で出会ったケイシャム・バディさん(八七)は、日本軍が残した刀を今も大切にしていた。

ビシェンプールは、イギリス軍の補給基地だった。それゆえ、荷運びに使うラバがたくさんいたという。山守大尉が深夜突撃した際、多くのラバが死んだ。バディさんによれば、日本兵の遺体は、ラバとともに葬られたという。ブルドーザーで巨大な穴を掘り、そこに石灰を入れて埋めたのだそうだ。当時、周囲には強烈な臭気が立ちこめていたという。

バディさんは、日本兵が葬られた場所に私たちを案内してくれた。かつて日本の遺骨収集団もここを訪れたという。一角に建築中の家があり、一週間前に見つかった骨を見せてくれた。そばには、日本軍のものとみられる水筒もあった。骨は一部で、それが人

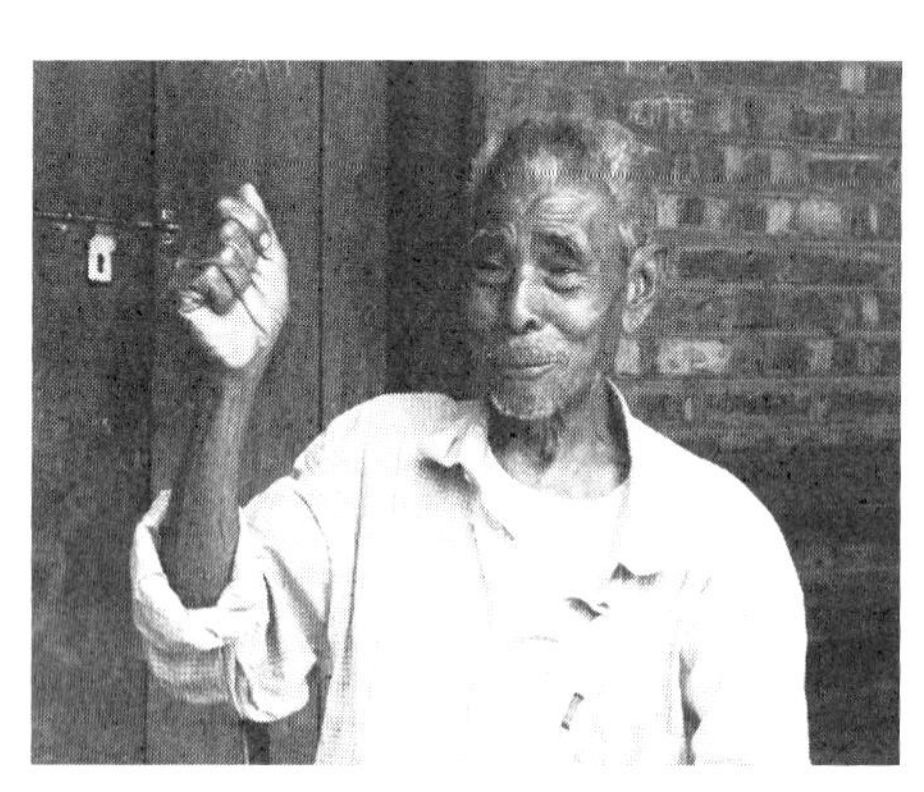
ケイシャム・バディさん

骨なのか、ラバのものなのかは分からなかった。工事のたびに、こうした骨が見つかるという。

バディさんは、戦闘の場面も目撃していた。日本軍の装備は、見るからに貧弱だったという。

「日本兵は、木や竹を叩いて、機関銃のような音を作っていた。その音によってイギリス軍に多くの兵士がいるように見せかけていた」

一方、バディさんは、日本兵をこう賞賛した。

「私の知る限りでは、日本兵は、決して現地の人々に危害を加えなかった。レイプなどの行為は一切なかった」

現地の人が日本人に悪い感情を抱いていないのは、こうした事実のせいかもしれない。余談になるが、ビシェンプールを去る時に、思いがけないできごとがあった。小学生くらいの少女が、小さな人形を私たちに贈ってくれたのだ。取材の際に何度か顔を合わせた程度だったが、現地の老人の話に耳を傾ける私たちに、好意を持ってくれたようだった。きっと、兵士たちにもこうした出会いがあっただろうと考えると、胸が熱くなった。

高雄さんたちが山守大尉の出撃を見送った、第二一四連隊の本部があったヌンガンにも足を運んだ。前述のようにヌンガンはビシェンプールとレッドヒルを見渡せる山中にある。

インパール南道を脇道に入り、街道と平行に走る山並みに向かう。途中バナナ畑が見える。その時、高雄さんの話を思い出した。当時バナナの実は成っていなかったが、兵士たちは芯を食べたという。

「中の芯は意外と柔らかくて、キュウリみたいな味だった。自分たちの工夫で、何でも食べられるものは食べた」

ヌンガンの連隊本部跡に案内してくれたのは、当時の遺物などを調査しインパール作戦を記録する活動をしている地元NPO「第二次世界大戦・インパール作戦財団」のヤンマン・ラジシュアさん。「車で行けるのはここまで。一時間ほど歩く必要がある」という。車を降りると地元の長老を紹介してくれた。カドゥングジェイさん(八二)だ。カドゥングジェイさんは、子供の頃、現地に埋まっていた不発弾でお腹に重傷を負ったという。

私たちは、カドゥングジェイさんについて急な山道を登った。途中で、カドゥングジェイさんが立ち止まった。遠くの山を指さして、「日本軍はあの山からここに向かってきた」と言うのだ。山の標高は二〇〇〇メートルを超え、その手前には大きな谷がある。「難行軍」と言えば一言で済んでしまうが、現地を訪れて山中を歩き、その困難さに改めて思いをめぐらせた。

ヌンガンの連隊本部跡に到着すると、ラジシュアさんは金属探知機のスイッチを入れた。すぐに、金属反応を知らせる音が響く。少し掘ると、銃弾が顔を出した。イギリス軍の刻印が押されている。この本部を制圧する時に、撃ち込まれたものであろうか。周囲には、凄まじい数の弾丸が行き交っただろう。さらに、日本兵が掘った壕や、敵の砲弾によってできたと思われる大きな穴も残されていた。

二〇一七年五月二〇日、レッドヒルを訪れた。毎年この日に、慰霊祭が行われている。五月二〇日は、レッドヒルに第二一四連隊が攻撃を始めた日とされる。

レッドヒルがあるのは、インド・マニプール州メイバン村。平野の中にぽつんと盛り上がった丘には、巨大な鉄塔がそびえ立つ。その近くでは、インド軍の関係者とみられる銃を持った若者が、周辺を警戒していた。

慰霊祭には現地の人を中心に、一〇〇人ほどが集まった。ニューデリーにある日本大使館の大使やインド駐在の商社員も参列していた。

ここには、生き残った元日本兵たちが建てた慰霊碑がある。「英霊よ　この地で安らかにお眠り下さい」と書かれていた。元日本兵が高齢となり、この地を訪れることができなくなってからは、地元の人たちがこの慰霊碑を大切に守ってきた。

参列した人たちの中に一人の現地の老人がいた。タオレム・ゴロモホンさん（八六）。私たちに気づくと手を差し伸べ握手をしてくれた。ゴロモホンさんは私たちを家に招き、話を聞かせてくれた。当時ゴロモホンさんは一二歳、レッドヒルの戦いを鮮明に記憶していた。深夜から明け方、日本兵の鬨（とき）の声が周辺に響いたという。

タオレム・ゴロモホンさん

「レッドヒルの頂上のイギリス軍を目指して、日本兵は麓（ふもと）から頂上に突撃していき、その途中で多くの日本兵が倒れました。さらに、レッドヒル周辺の田んぼの水路には敗れた日本兵の遺体が散乱していました」

ゴロモホンさんは、納屋の屋根裏に私たちを案内してくれた。そこには大きな箱があり、中から、一つ一つ、丁寧な手つきで、日本軍の遺物を取り出した。ヘルメットや銃の引き金、水筒……。これまでの取材で、現地の人がこうした物を日常生活に利用している様子を見てきた。

「なぜ、箱にしまっているんですか」と尋ねると、こう答えた。

「日本の遺族が来た時に、これらの遺品を渡せるように大切にとってあるんだ」

二〇一八年の秋、日英が戦った激戦地であるこのレッドヒルに、「インパール作戦ミュージアム」が開館するという。日印両国が建設を支援、工事資金は日本の公益財団法人が提供する。銃や刀剣、軍票など、ラジシュアさんたちＮＰＯが収集した遺留品が展示されることになっている。レッドヒルの戦いは、現地の人々の心に、忘れてはならない戦争の悲劇として刻まれている。

インパールへ

日本兵がたどり着けなかった街、インパール。マニプール州の州都で、現在の人口はおよそ三〇万人。中心部には、かってこの地を支配した王国の宮殿が残り、観光名所となっている。外国からの旅行客らしき人の姿もあちこちにみられた。宮殿の一角には、イギリス軍を指揮した、ウィリアム・スリム司令官が駐在した建物が残されており、今も〝スリムハウス〟と呼ばれている。街には活気があり、人々はほがらかで、笑顔が印象的だった。

インパール作戦当時、ここには、イギリス軍およそ二〇万人が駐留していた。私たちが訪ねた施設跡地は、広大な空き地となっていた。武器、弾薬、戦車を満載した飛行機が離着陸する飛行場も、この近くにあった。インパールがイギリス軍の一大拠点だったことが分かる。

牟田口中将は、「インパール攻略は序の口だ。手間暇はとらぬ」などと豪語していたという。インパールに駐留するイギリス軍の規模について、情報を得ていた上での言葉だったとしたら、不可解としか言いようがない。

インパール作戦は、「印度の独立を刺戟」する政略でもあった。日本軍の進攻を、現地の人はどう受け止めていたのだろうか。クーライジャン・ニーマイチャランさん(八五)の言葉は、意外なものだった。

「日本の進攻については聞いていたが、インパールに近づいているとは、全く知らなかった。イギリス軍は、われわれインド人に対して、〝日本から受けた空襲の犠牲を一〇倍にして返してやる〟と話していたよ」

実は、インパール作戦の前年(一九四三年)、日本軍はこの街を空爆していた。インドの人々に犠牲が出ており、ニーマイチャランさんの父親もその一人だった。当時のインドは独立運動に揺れており、イギリスに対する反感は高まっていた。しかしだからといって、すぐに日本軍に共感を抱くほど、現実は単純ではなかった。「大東亜共栄圏」を掲げる日本軍の進撃に刺激を受けて、インドの独立運動が活発になる――そんな動きは、少なくともインパールでは全く見られなかったという。

街を離れようとした時、多くの車が行き交う道路脇で、マイルストーンを見つけた。インパールを起点に設置されているため、「IMPHAL 0」と記されている。ところどころが欠けて塗装が剝げ、中のコンクリートがむき出しになっている。その日は、激しい雨が降っていた。風雨にさらされ、ひっそりと建つマイルストーンは、墓標のようであった。

日本軍と行動をともにしたインド人たち

ここで、インドの独立運動家、チャンドラ・ボースが率いたインド国民軍について触れておきたい。

インパールの南西にモイランという町がある。多くの水鳥が飛び交う美しい湖、ロクタク湖のほとりにある町だ。日本軍第三三師団には、インド国民軍が随行しており、一九四四年四月、モイランに旗を立て、司令部を置いた。現在、ボースの碑や記念館が建っている。

司令部の建物も残っており、そこには、国民軍兵士の孫だという人物が住んでいた。

建物の入り口には、インド国民軍の旗が貼られていた。屋根にはイギリス軍による銃撃の跡が残っていると、見せてくれた。

インド国民軍は、日本軍がマレー、シンガポールに進攻した際に捕虜にしたインドの人々を中心に結成された部隊である。彼らは、もともとはイギリス軍側の兵士として戦っていたが、日本の後押しで、インド独立を達成しようと考えたのである。その後、東南アジア各地に住むインド人も参加した。

インパール作戦には一万五〇〇〇人以上が参加したといわれるが、高雄市郎さんは、その胸中は複雑だったはずだという。敵のイギリス軍側にも、多くのインド人が参加していたからだ。

「インド国民軍も、同士討ちになると、前線で死に物狂いで戦うっていうことはやりづらかった。戦意が無くなっちゃうよね」

実際、モイランまでやってきた国民軍の兵士たちは、インパールに向けて動こうとしなかったという。戦況が悪化するにつれ、苦悩は深まっていった。

「もはや日本に勝ち目がない状況だったから。そうした中、武器もなく、さらに前線に出ていくという選択はなかっただろうね」

インパール作戦の失敗が明らかになると、日本軍側で戦った国民軍の兵士たちが、インドにとどまることはできなかった。日本兵とともに撤退し、飢えと病に倒れていった。

犠牲者の数は、分かっていない。

インドから帰国したあと、私たちは取材のために再び高雄さんの元を訪ねた。現地で見聞きしたインド国民軍のことについて報告すると、「忘れられないインドの兵士がいる」と話をしてくれた。

そのインド人の名は、バラマンツといった。一九四二年に日本軍の捕虜となり、インド解放を目指して国民軍の兵士となった。インパール作戦では、高雄さんの所属する第三三師団歩兵第二一四連隊と行動をともにした。

長引く作戦の中で、高雄さんが携行した食糧はすぐに底をついた。飢餓から救ってくれたのが、バラマンツだった。

「食糧がない時、いつも彼が助けてくれた。彼は地形を見て、あそこは、何を作っている畑だ、なんていう勘が働くんだね。それで、ジャガイモを作っている畑なんかを見つけてね。ジャガイモを掘って、そうすると天幕に包んでしょってくるわけだ。食べ物がない時、何度もバラマンツに助けられた」

現地の人にとっては「略奪」だったかもしれない。しかし、極限状況におかれた日本兵にとって、そのようなことを考える余裕はなかったであろう。

バラマンツを「命の恩人」だという高雄さん。レッドヒルの戦いに敗れ、その後、撤退することになった時、高雄さんは、彼に生き延びてほしいと声をかけたという。

「いよいよ撤退する時に、私は、バラマンツに言ったんだよ。〃俺はビルマに撤退していくんだから、せっかくここまで来たんだから、ここへお前は残れ〃って言ったんだよ。そうしたら、〃俺は残らない。インドが独立するまで、俺は頑張るんだ。日本軍に協力して、日本と一緒に、インドが独立するまで頑張るんだ〃と答えたんだ」

高雄さんは、しばらくしてバラマンツと離ればなれになった。その後も日本軍とともに戦っていたバラマンツは、翌一九四五年、ビルマまで追撃してきたイギリス軍との戦闘のさなか、戦車によって命を落とした。

祖国の独立のために、同胞とも戦わなければならない運命となったバラマンツ。インパール作戦にかけた期待も、裏切られることになった。

「[インド人も]〃ひどい目に遭った〃ぐらいの一言で済まされることではないわね、戦争っていうのは。二度とああいうことは起こしてはいけない」

戦友たちの写真が置かれた高雄さんの家の仏壇。そこには、高雄さん自らの手で「バラマンツ」と書かれた白木の位牌が置かれている。

第５章
遅れた“作戦中止”

第 31 師団師団長・佐藤幸徳中将

ある参謀の証言

私たちの手元に、インパール作戦に関わった参謀が、陸軍の組織的問題を告発したテープがある。前線に食糧や弾薬を送る兵站を担当していたビルマ方面軍の後方参謀、後勝元少佐の証言である。晩年になって、戦史研究家の大田嘉弘氏のインタビューに答えたもので、四時間に及ぶ肉声テープが残されていた。陸軍内部でしか通用しない偏狭な理屈に固執したために、インパール作戦の悲劇が起きたのだと、後参謀はインタビューの冒頭から、怒りを滲ませた。

「人間としての物の考え方の問題なんです。大きな責任を背負い、自分のたくさんの部下をね、どうするかという、本当に死ぬか生きるか、あるいは立つか倒れるか、という大きな岐路に立ったとき、哲学のある人間と、哲学のない人間の差がだっと出てきます」

後参謀は、ビルマ方面軍にあって、唯一インパール作戦の早期打ち切りを主張した人物であった。戦況を補給の面から分析し、損害を最小限に抑えるよう働きかけたが、大本営をはじめ上級組織は、後参謀の報告を重視することはなかったのである。

司令官 河辺正三中将	参謀長 中永太郎中将		
参謀部第1課 高級参謀	片倉衷大佐*	作戦主任	不破博中佐
		情報主任	金富興志二少佐
		後方主任	倉橋武雄中佐――後勝少佐

*4月に異動

ビルマ方面軍参謀部の組織図(1944年1月)

後勝参謀は、陸軍士官学校第四八期、陸軍大学校卒で大本営参謀本部付第二課(作戦課)を経た後、一九四四年(昭和一九)一月、ビルマ方面軍の後方参謀に配属された。ラングーンにあるビルマ方面軍司令部に着任したのは一月二〇日。方面軍が大本営の認可を得て、第一五軍に対してインパールの攻略を命じた翌日のことであった。

当時のビルマ方面軍の態勢は、司令官に、牟田口中将の作戦構想の後ろ盾となった河辺正三中将。参謀長には、牟田口構想を黙認した中永太郎中将が座り、方面軍を挙げてインパール作戦の準備を進めていた。高級参謀である片倉衷大佐が牟田口構想に断固として反対していたが、その片倉大佐も作戦開始後の四月に異動するのだった。

インパール作戦における補給を担当することになった後参謀は、そこで破天荒な作戦計画の内実を目の当たりにする。

作戦開始直前の二月下旬、インパール作戦を実施する第一五軍の準備状況を視察するため、中参謀長の随行を命じられ、メイミョーにある第一五軍司令部を訪れた。計画では、各自二〇日分の食糧と、一・五基数(野山砲弾で一五〇発)の弾薬を携行することになっており、一人あたり四〇キロもの重量を背負って、二〇〇〇メートル級のアラカン山脈を越えなければならなかった。しかも、インパールを陥落させるまでは後方からの補給は行わないという、あまりにも実状を無視したものだった。

この視察で、後参謀は牟田口司令官に面会している。二人は久方ぶりの再会であった。

牟田口中将は一九三九年から一年半にわたり、陸軍予科士官学校長を務めていたが、後参謀は当時、区隊長(生徒隊付教官)だった。後参謀の目に牟田口校長は、目的達成のためには何ものにも屈せず突き進む徹底した理想主義者に映っていた。「祖国に殉ずる情熱は〔略〕若い生徒の熱血をたぎらせて、深い感動をあたえ」たという(後勝『ビルマ戦記』)。

インパール作戦を目前にした牟田口中将も、校長時代と変わらない理想主義に燃えていたと、インタビューで語っている。

「牟田口さんと私は、士官学校の区隊長時代の校長ですからね、親しいでしょう。「やあ、見ててください」と言うてね。もう牟田口司令官だけではなく、第一五軍の司令部全体が自信満々でしたよ」

しかし、補給を担当する後方参謀たちは浮かない表情だった。

「後方をやっとる薄井〔誠三郎少佐〕さんと私の同級生の高橋に声を掛けると〝とにかくもう足らんのじゃ〟と。〝自動車が少なくとも二〇個中隊ぐらい要るんじゃ〟と。〝道路隊も足らんし、何も足らんのや〟とこぼしてましたよ」

さらに、後参謀は第一線にいる三人の師団長にもそれぞれ面会したが、みな作戦を批判していた。

「〔第三三師団の〕柳田元三中将は、〝四〇〇キロの行程を補給がなくて戦ができるか〟と非常に心配しとる。柳田さんっちゅう人は非常に理論的な人ですからね、理論づくめで、これじゃとても行けそうにないということを示すわけです」

第三一師団の佐藤幸徳師団長にも会いました。〝コヒマ出たのちの補給は、おまえ責任持てるか、いつどういうふうにやるんだ、司令官に言うとけ〟と言われました。さらに〝あんたもよう覚えておいて、牟田口をよう指導してくれ〟と、こういうふうに言われるんですよ。もう第一線は命がけになっていますから。〔ビルマ方面軍〕中参謀長がね、おろおろしていた。佐藤幸徳さんが将軍で、中さんが部下みたいに見えましたね」

後参謀は、このままでは全軍立ち往生の危険があると判断し、中参謀長に報告資料を提出した。「インパール作戦の推移と雨期入りの時機をあわせ考え、作戦の終末をいかにするかを研究準備し、作戦転換の時期を誤らせないことが必要である」と訴えたのである。

しかし、司令官以下全幕僚が集められた視察報告会では、後参謀の報告は共有されることはなかった。中参謀長の報告は、「作戦準備は順調に進んでおり、作戦開始は予定通り実行できる」というものだった。

「結局、そういうなんでもね、ああいう偉い人はね、ほんとのこと言わないわね。だいたい予定通り準備は進んでいる。その通りです。予定通り準備が進んで、予定通り作戦が始められる。その通りなんですよ。違っちゃいない。ところが、その戦力の中身について、一つも報告しない」

中参謀長の報告に驚かされたものの、後参謀は、随員の身分で勝手に補足説明をすることはできなかったという。その夜、直属の上司である後方主任参謀の倉橋武雄中佐に実情を説明し、片倉高級参謀に報告するべきだと相談した。これに対し倉橋参謀は、

「〝おまえは、駆け出し参謀のくせに生意気言うな〟ちゅうわけ。倉橋さんは、自分たちが計画しとるもんだから、自分たちに対する批判と見るわけですよね」

さらに倉橋参謀はこう続けたという。

「〝この作戦は第一五軍が計画し、方面軍も総軍も大本営も承認した作戦だ。方面軍の

作戦班も、この計画で一カ月間にインパールを落とすというのだから、まかせておけばよいではないか。われわれ後方のものは、その作戦計画の範囲内で、後方の仕事をすればよいので、それ以上の口出しは、僭越(せんえつ)行為だ〃と。こう言うわけですよ。そう言われればね、もう話にならんわけですよ。〃あんたとはもう話にならんよ〃言うてね、まあ、大げんかになって、それで物別れ」

後参謀はその夜は一睡もせず、片倉高級参謀に報告しようかと思い悩んだが、末席参謀の弱みもあり、上司の頭ごしに、直訴する踏ん切りがつかなかった。当時の心境をこう語っている。「まだ時間がある。いずれその時期になったら進言しようと思いとどまった。ところが片倉高級参謀は、その後もっとも重大なときになって、突然第三十三軍(昆集団)の参謀長に転出され」た(後勝『ビルマ戦記』)。

後参謀がいう〃もっとも重大なとき〃とは、インパール作戦の失敗が明らかになり、中止を決断すべきタイミングのことである。

作戦開始から一カ月が経過した、四月。牟田口中将が構想した計画では、すでにインパールを攻略している時期であったが、戦況は日を追うごとに悪化していた。

後参謀は、補給の状況を確認するために、再び第一五軍司令部があったメイミョーに赴いた。司令部はインタンギーに移動していたが、留守司令部に残っていた木下秀明高級参謀から、戦況の説明を受けた。その説明では、「各方面とも破竹の勢いの進撃で、月末までにはかならずインパールを陥落させると、〔作戦前と変わらず〕自信満々であった」。しかし、作戦の中心的存在の高級参謀がメイミョーに残って残務整理中とは、何とも腑におちないものを感じたという。

すぐに後参謀は、留守司令部で車を借りて、チンドウィン河の渡河地点を目指した。目に映るものはいずれも不安を掻き立てる要素ばかりだった。例えば、河川にはほとんど水がなかったが、雨期に入れば一挙に濁流に変わるため、事前の後方計画では、各渡河地点付近に架橋材料を集積して、雨期の対策をするはずであった。しかし、その準備はまったく行われていなかった。さらに、軍需品を輸送する車は、ヘッドライトが片一方しかついていなかった。運転手に聞けば、「毎日夜間運行の連続で、ライトの消耗がはげしく、電球が切れたら新しいのとなかなか交換してもらえないので」節約しているという返事で、物資が底をついていることを物語っていた。

四月二一日、インタンギーの第一五軍司令部に到着した。参謀部の空気は暗く、誰に何を聞いても明確な回答がなく、返ってくるのは各師団の悪口ばかりであった。後参謀は、仕方なく、「私にお手伝いをさせてください」と言って、前線からの電報を整理しつつ、戦況を確認した。すると、イギリス軍は連日、○○機もの輸送機を飛ばして一日一○○トンを超える軍需品を前線に空輸し、一方の三師団は弾薬、食糧が続かず、かろうじて戦線を支えていたことが判明した。

牟田口司令官にも面会したが口数は少なく、自信満々の姿ではもうなかった。司令官は「いま一息というところで力が足らず残念である」と言うのが精一杯であった(後勝『ビルマ戦記』)。

後参謀は、いま、もし新鋭の一個師団があれば、これをビシェンプールに投入して、インパールを攻略できるのに、と思ったという。

前線ではすでに多くの死者が出ていた。十分な補給の態勢を整えず、さらに一個師団を投入したところで、死者が増えただけであろう。そもそも、一個師団を投入できる余力はもうどこにもなかったのである。

後参謀は、インパール作戦の中止を決断すべきタイミングを探ろうと、補給輸送を担当する第五野戦輸送司令部を訪れた。司令官は、輸送補給業務の権威者といわれた高田清秀少将であった。詳細な資料を基に、補給の実態を説明してもらった結果、敵の空中補給が一日平均一〇〇トンに対して、第一五軍に対する補給は一〇〜一五トンであり、第一五軍が自力でインパールを攻略することは、望み得ない。インパール作戦の遂行期限は、食糧のつづく限度、雨期に入る五月末であるという結論に達した。

後日談であるが、高田輸送司令官は、後参謀に余計な報告をしたという理由で、第一五軍司令部から叱責されたという(後勝『ビルマ戦記』)。

「これをもってしても、当時の軍の空気が伺えると思う。当時は遺憾ながら、ちょっと司令部に行って、幹部から報告を聞いただけでは、その真相はなかなかつかめなかったのであった」

最高統帥機関・大本営——覆い隠された〝戦場の現実〟

同じ頃、大本営も独自にインパール作戦の戦況視察に動いていた。四月二八日、参謀次長秦彦三郎中将は、参謀本部二課部員杉田一次(すぎたいちじ)大佐らを伴い、シンガポールの南方軍司令部に到着した。出張の目的は、ビルマの戦況視察に加え、差し迫った太平洋方面の戦局に備えて、南方軍が主催する兵団長会同に出席することだった。インパール作戦については、南方軍参謀から「九〇%成功するであろう」と説明された。

五月一日、秦参謀次長一行は、ラングーンに飛び、河辺司令官以下のビルマ方面軍首脳と会見した。作戦全般の説明を行ったのは、片倉衷大佐の後任である高級参謀、青木一枝大佐であった。その内容は南方軍と同様で、「インパール作戦の見通しは八〇〜八五パーセントの成功が見込まれる」というもので、後参謀が導いた結論とは一八〇度異なる所見が述べられたのであった。

結局、秦参謀次長は、十分な日時を費やすことなく、第一五軍司令部も訪問せずに、ビルマを去ってしまう。

一方、大本営の杉田大佐は秦参謀次長と別れてビルマに残り、五月二日に第三三軍に転出した片倉参謀長を訪ねて戦況を確認した。さらに五月三日、前線の視察から帰還したビルマ方面軍、後勝参謀の報告を聞くのである。

まずは、杉田大佐と片倉参謀長の会談。片倉参謀長は、インパール作戦開始に至るまでの経緯を説明し、自らが反対し続けてきた作戦の無謀さをあらゆる面から指摘した。第一五軍牟田口司令官はシンガポール陥落など過去の戦訓にとらわれすぎで、軍の統帥になっていない。補給体系は全く無視されていて、「糧は敵による」戦法は奇襲であって正道ではない。各部隊は作戦発起以来、すでに四五日を経て、糧食なく、弾薬なく、兵員減耗、補給も補充もつかずその戦力は激減しており、敵に阻止され、空爆、砲火の下に曝(さら)されている。さらに第一五軍は軍司令官と各師団長との間で、作戦開始前からしっくりいかず、決戦部隊の指揮、統帥関係としては下策である。

作戦の成功は疑わしいと結論づけ、大本営または南方軍において速やかに命令をもって処断することが緊急に要請される、と述べた(片倉衷『インパール作戦秘史』)。

そして五月三日、第一線の視察から帰還した後参謀が、杉田大佐に報告した。インパール作戦の続行は本格的な雨期となる五月末が限度であると進言した。

後参謀はこの報告が、単にインパール作戦のみならず、全ビルマの運命を左右する重要な報告になると考え、一字一句、言葉を吟味しながら、一般の戦略態勢から、彼我の戦力比、補給能力、雨期入りの時期、雨期間の交通補給など、項目ごとに具体的な数字を出して説明した。後参謀によれば、杉田参謀は、急所急所で数字を挙げて突っ込んだ質問をしたという。

「杉田さんは、非常に頭のいい人ですね。数字の分かる人だった。私の報告も、杉田さんは支持してくれましたよ。すぐ、私の目の前で電報書きましてね、すぐに大本営へ電報打ってくれましたよ」

杉田参謀は、「インパール攻略は至難である」との報告電文案を後参謀に示し、「これでよいか」と確かめたうえで、大本営に電報報告した。インパール作戦の前途を危ぶむ、中央への第一報であった。

しかし、この電報が大本営で重視されることはなかった。打ち消すための工作が行われていたのだ。後に、杉田参謀の語るところに拠れば、ビルマ方面軍からは倉橋後方主任参謀が、また南方軍からは甲斐崎三夫作戦主任、山口英二後方主任の両名が、相次いでインパールの戦況視察に派遣され、「第十五軍はすでにインパール攻略の準備とともにい、近くこれを攻略する予定で、後参謀のように悲観的報告をするがごときは、もってのほかである」と、大本営に対して電報報告していたのであった。

後参謀は悔しさを滲ませて、当時をこう振り返る(後勝『ビルマ戦記』)。

「〔私の報告に恐れをなした〕方面軍の一部幹部の中には、臆病なる発言をなす者があるが、これら臆病な幹部の存在が方面軍目下の最大の敵であるという、電報を送っていたということである。これはおそらく〔方面軍の〕作戦班が起案し、ひそかに決裁を受けて発信したものであろうが、これでは作戦班みずから退路を断ったようなもので」あり、方面軍はこれで撤退案に同意できなくなった。「そして体をはって現地に行き、この目で確かめた真実を、素直に報告した私が、いつのまにか臆病者になり、方面軍最大の敵になっていたのであった」

それから後参謀は、方面軍では冷ややかな目でみられるようになった。さらに第一五軍も、後参謀に激怒し、「おまえは二度と現場に来てくれるな」と伝えてきたという。当時の心境をこう振り返っている。

「わが身の微力の致すところ、万策尽きてしまった。現場の報告を無視する。これがインパール作戦を誤らせた一番大きな原因でしょうな」

あとは、杉田参謀が、インパール作戦の実情をどのような言葉で大本営に伝えるかにかかっていた。いかに無謀な作戦であっても、一度実行された以上、中止するには大きな困難が伴う。「インパール攻略は至難」との電報を打った杉田参謀であったが、作戦の問題点の多くが計画段階で是正すべき内容であったにもかかわらず、作戦の実行中に現地の参謀たちが否定的な意見を述べることについては割り切れない思いを抱いていた。

「インパール作戦については、片倉少将は成功は疑わしいと述べていた。しかし片倉少将は当時方面軍高級参謀としてこの作戦を計画した当面の責任者であり、この作戦に見込みがなければ、当然反対すべき立場にあった人と思っていたので、片倉少将の意見には不審を抱いた」

それでも、さまざまな報告を総合的に判断した結果、杉田参謀は、「インパール作戦の成功はおぼつかない」という所感を持ち帰ることになった。

大本営での視察報告

五月一五日、大本営参謀本部作戦室において、東條英機参謀総長に対する秦次長一行の視察報告が行われた。参謀本部に戻った杉田参謀は報告の直前、大本営作戦課の服部卓四郎大佐に呼ばれ、こう告げられた(大田嘉弘『インパール作戦』)。

「実は南方総軍からこういう電報が来ているんだが、秦さんが東条さんに報告するさいに、注意する必要があるんじゃないか」

南方軍の電文には、「いまはインパール作戦がたけなわであり、勝つか負けるかのきわどい瀬戸際にあるときに、悲観的なことをいうのは不適当である。いまこそ意志を堅くして事にあたるべきである」と書かれてあった。当時の心境を杉田参謀はこう回想する。

「つまり、わたしたちの報告しようとした視察の結論とは逆のことというか、わたしたちに悲観的な報告をさせないようにしよう、という南方総軍の牽制球みたいに感じられました」

杉田参謀は報告内容を改める気はないと服部大佐に告げ、秦参謀次長に対しては「インパール作戦は不成功と判断して間違いない」と重ねて主張した。しかし、秦参謀次長は、現地の参謀から作戦の見通しが明るいと聞かされていたこともあって、報告では曖昧に表現した。

当時の報告の様子が、イギリスの資料に残されていた。同席した陸軍省軍務局軍事課長の西浦進大佐の回想である。

秦中将の報告の直前に南方軍の幕僚による電報が報告された。

「水火も辞さない決然たる覚悟で戦闘に臨む限り、我々がインパール作戦で勝利する可能性はまだ残されている」といった趣旨であった。

秦中将は、口頭による報告を開始して程なくして、今後の状況につき「インパール作戦の前途はきわめて困難である」と報告した。すると東條大将は、即座に彼の発言を制止し話題を変えた。わずかにしらけた空気が会議室内に流れた。秦中将はおよそ半分で報告を終えた。

東條大将の行動は理に適ったものだったと感じた。そのような極めて重要な報告は公の場でなされるべきではないからである。そのうちに改めて会合が開かれるものと思っていたが、そのような話は全く出ず、結局その件は議題から外された。

この件に関する実際の状況から見て、東條大将はインパール作戦に絶大な期待を寄せていたため、両報告を比較検討するほど冷静さを持ち合わせていなかったと結論付けても差し支えないかもしれない。

「極めて重要な報告」は、公の場ではやり過ごし、水面下で議論する方が良いということなのだろうか。当時の不透明な意思決定のあり方が垣間見えるエピソードである。

右記の西浦大佐の回想では、報告会で怒号が響くようなことはなかったという。杉田大佐によれば、東條参謀総長は「戦さは最後までやってみなければ判らぬ。そんな気の弱いことでどうするか」とやや強い調子で言ったとある。一方の秦参謀次長は、自身の回想録の中で、東條参謀総長に満座の中で叱責され、これ以上人前で言い争っても仕方がないと考え、黙って引き下がったと振り返っている。秦参謀次長だけが必要以上に圧力を感じ取ったということだろうか。いずれにせよ、悪化する戦況を前にして、議論が尽くされることはなかった。

その後、別室に呼ばれた秦参謀次長は、頭を抱えるようにした東條参謀総長から「困ったことになった」と嘆かれたという。こう述懐している。

「当時私はもっと強く主張し、現地軍に対して「作戦中止」の電報を打つべきではなかったか……と反省するのであるが〔略〕そのうち現地から作戦中止の申請がくるであろうと考え、心持ちにしていたのであった。

インパール作戦を開始するに至った経緯から考えても、現地軍から作戦中止を申請させる方が筋が通る……とも考えたので、私の方からは何も処置するところがなかったのである」

翌五月一六日、東條参謀総長は、現実を覆い隠し、天皇にこう奏上した。

「インパール方面の作戦は昨今稍々(やや)停滞が御座いまして前途必ずしも楽観を許さないので御座いまするが、幸ひ北緬〔ビルマ北部〕方面の戦況は、前に申上げました如く一応大なる不安がない状況で御座いますので、現下に於ける作戦指導と致しましては、剛毅不屈万策を尽して既定方針の貫徹に努力するを必要と存じます」

この頃の各戦線は、いずれもほとんど戦力の限界に達しており、反撃の余力もなくなっていた。さらに、最も恐れていた雨期が始まろうとしていた。

インパール作戦の続行を疑問視する報告をあげた後参謀は、当時の陸軍の空気をこう語っている。

「これはもう変更の余地ないわけです。どんな犠牲払ってもええちゅうんですから。極端に言やあ、全滅してもええから取れと、こういう意味ですね。たとえ牟田口さんが、もうやめたいと思ってもやめられない。方面軍司令部がやめようと思ってもやめられない状態が起こってしまったわけです。これでもうインパールの運命は、勝負ありになったわけです」

陸軍を揺るがした「抗命事件」

後参謀が作戦を中止しなければならない時期と進言していた五月末、その言葉通り、インパール作戦の前線は修羅場と化していた。そして、陸軍を揺るがした「抗命事件」が発生する。

この時期、第一五軍司令部には各師団から「弾薬を送れ」「食糧を送れ」と矢のような催促が続いた。しかし、軍司令部には何の策もなかった。第一五軍牟田口司令官は、前線へ向けて、奮起を促す電報を打ち続けた。

「雨季に入るも、あくまで敢闘せよ」

一方、コヒマで消耗戦を戦っていた第三一師団の佐藤幸徳師団長は、電報を打ち返し、補給を行うよう、再三要求した。それでも、牟田口司令官は、佐藤師団長の要求を泣き言だと決めつけ、食わず飲まず弾がなくても、戦うのが皇軍であると応じた。

佐藤師団長は、第一五軍を飛び越え、ビルマ方面軍にも電報を打って実情を訴えた。ビルマ方面軍司令官の河辺正三中将は五月一六日の日記に佐藤師団長の行動を不快と記し、その内容は牟田口司令官に対する悪口であったと断じている。

> 佐藤師団長より方面軍参謀長宛怨言（えんげん）に類する電報来る。統帥上極めて低劣なる仕打ちなり。怨言がこの際何の効果あらん、之に対し断乎（だんこ）たる否答を与へざる参謀長にも亦（また）不満を感ぜざるを得ず。不決断、私情の動きこそ斯（か）くの如（ごと）く緊迫せる場合特に最も禁圧すべきことなり

次第に、佐藤師団長と牟田口司令官との電報の応酬は激しさを増していった。五月二五日、佐藤師団長は第一五軍に対し、次の通り打電した。

「師団は今や糧絶え山砲及歩兵重火器弾薬も悉（ことごと）く消耗するに至れるを以て遅くも六月

一日迄には「コヒマ」を撤退し補給を受け得る地点迄移動せんとす」

電報を受け取った牟田口司令官以下第一五軍の首脳は、事態の深刻さに驚き、その対策を協議したが、結局もう一度佐藤師団長に翻意を促すことにし、五月三一日、軍参謀長命令をもって次のように打電した。

「貴師団が補給の困難を理由に「コヒマ」を放棄せんとするは諒解に苦しむところなり　尚十日間現態勢を確保されたし　然らば軍は「インパール」を攻略し軍主力を以て貴兵団に増援し今日迄の貴師団の戦功に酬ゐる所存なり　断じて行へば鬼神も避く　以上依命」

この電文について、佐藤師団長は「非礼」だと激怒した。即日、次の通り回電した。

「軍参謀長の電報確かに諒承せり　然し軍は我が師団を自滅せしむる意味には解せず　この重要方面に軍参謀をも派遣しあらざるを以て補給皆無、傷病者続出の実状を把握し居らざるものの如し　状況によりては師団長独断処置する場合あるを承知せられたし」

佐藤師団長は、翌六月一日、第一五軍に独断退却を打電した。師団長が独断撤退する事態は、日本陸軍始まって以来のことであった。およそ二万人の将兵を指揮する師団長は、天皇が直々に任命する要職である。師団長が、軍の統帥を無視することは、日本陸軍という組織を根底から揺さぶる大事件であった。

佐藤師団長は当時の心境について、戦後こう振り返っている。

「インパール作戦を開始する前から自分の腹は全く決まっていた。軍や方面軍で補給をしてくれなければ帰ってくるまでのことだ」

牟田口中将は、独断撤退した佐藤師団長を解任した。牟田口中将にとってみれば、佐藤中将が率いる第三一師団は、北方のコヒマを攻め、さらに予(かね)てからの構想である「アッサム進攻」を実現させるはずの兵力であった。補給が届かないことを理由に独断で退却したことは、全ての構想をぶち壊すものだった。

当時の牟田口中将の混乱ぶりを目の当たりにした人物がいる。第三一師団の後方主任参謀、野中国男少佐。野中少佐は、解任された佐藤師団長を送ってチンドウィン河の渡河点まで行った際、第一五軍司令部に立ち寄り、牟田口司令官と会談した。

当時の状況を『その日その後』という題をつけた随想録に書き残していた（高木俊朗「烈師団参謀の自決」）。

牟田口軍司令官に申告に行くと、

「参謀一名同行というから、だれかと思ったら、お前だったか。そりゃあ、つごうがいい。だいぶ苦労したな。ゆっくり休んで、明朝でも、話があるからきてくれ」

と、物わかりよくいった。野中参謀は意外な感じをうけた。インパールに執念を燃やし、狂奔していた人とは思えなかった。

次の日の朝、野中参謀は牟田口軍司令官と机をなかにして、向かいあった。英国のたばこと恩賜の酒が出た。話になると、牟田口軍司令官は口を極めて、佐藤中将をののしりはじめた。軍法会議にまわして、あのえらそうなつらつきに、ひとあわふかしてやる、といった口調だった。

「佐藤をたたっ斬って、おれも切腹をする」ともいった。野中参謀はおかしかった。牟田口軍司令官は佐藤中将が通過の際には、わざと前線視察に出て、会見をさけていた。佐藤中将に軍刀をぬかれるのが恐しかったのだ。

そのうち、牟田口軍司令官の目がすわっているのに気がついた。頭からは湯気をたてていた。そして、強い語調で、

「烈〔第三一師団〕の幕僚は、ひとりとして、腹を切ってでも佐藤師団長をいさめる者はないのか。腹を切れんのか」

と、しきりに腹を切ることにこだわった。野中参謀は異様なものを感じた。きのうの、物わかりのよい軍司令官とは、全く別の人間があらわれたように感じた。

〔略〕

さらに、「牛一万頭を送ってやる。一頭あれば、一日千人は給食できる」

と、もっともらしくいった時には、確かに頭が変になっていると思った

野中少佐は、敗戦後、ラングーンにあったモンキー・ポイント収容所に収容された。捕虜生活を送っている間に書いたのが、『その日その後』であった。第三一師団の参謀として、消耗する兵士に対して為す術もなく困難な立場に立たされ続けた野中少佐は、日本へ帰還する直前、収容所で自決した。遺書はなく、この『その日その後』が遺稿となった。

六月、戦場は雨期に入っていた。誰もが懸念した通り、川という川が氾濫し、消耗した兵士たちの間では、マラリアや赤痢、チフスなどの疫病が瞬く間に蔓延した。

河辺・牟田口会談の真相と遅すぎた作戦中止

ビルマ方面軍の河辺司令官は、作戦続行か否か、いよいよ判断を下さなければならないと考えていた。

六月五日、河辺司令官は、前線近くの牟田口司令官のもとを訪れた。翌日の朝食後、一時間以上にわたって二人だけで話し合った。しかし、二人は中止の是非については一

切触れず、インパール東南のパレルでの戦況について語るだけだった。当時のやりとりについて、二人はイギリス側の尋問に、こう答えている。

牟田口「私は、河辺司令官に対して、作戦が成功するかどうかは疑わしいと包み隠さず報告したいという突然の衝動を覚えたが、私の良識がそのような重大な報告をしようとする私自身を制止した。

私は自身の名誉にかけて、パレル戦線から攻撃を再び開始する事で彼の期待に応えるよう努力する所存であると伝えた」

河辺「私は、作戦の成功の可能性について牟田口司令官の本当の気持ちと見解を知りたいと思っていた。牟田口司令官は悲観的な報告は一切しなかったが、彼の引き締まった表情と間接的な増援の要求から、この作戦の成功に対する彼の深い懸念を知った。それ故に私も同じ懸念を持ったが、私たちは互いにそれを伝えず、パレルでの膠着状態を打破して作戦の成功へ向かうために必死に努力するよう励まし合った。

なぜならば、任された任務の遂行が軍の絶対原理だった。これは、インドが関係する繊細な政治的・戦略的意義を持つ特別な作戦であった」

この作戦をどう終わらせるか、牟田口司令官は想定していなかった。その理由について、「回想録」にこう書き残している。

「万一作戦不成功の場合、いかなる状態に立ち至ったならば作戦を断念すべきか。このことは一応検討しておかねばなるまい。作戦構想をいろいろ考えているうちに、チラっとこんな考えが私の脳裡にひらめいた。

しかし、わたしはこの直感に柔順でなかった。わたしがわずかでも本作戦の成功について疑念を抱いていることが漏れたら、わたしの日ごろ主張する必勝の確信と矛盾することになり、隷下兵団に悪影響を及ぼすことを虞(おそ)れたのである」

二人が作戦中止の判断を避けたあとも、戦死者はさらに増えていった。

六月二二日、コヒマ―インパール道がイギリス軍によって突破され、数十両の戦車や一〇〇両を下らない自動貨車がインパール盆地に進攻してきた。この事態によって、牟田口中将も万事休すとなった。速やかに作戦中止の意見をビルマ方面軍に申告するべきときであったが、牟田口中将は自ら作戦中止を決断することなく、電報では間接的に作戦中止をほのめかしたに過ぎなかった。イギリス側の尋問に牟田口中将はこう回答している。

「六月後半、私は決断を下し、物資を受け取ることができない苦しい状況について方面軍司令官に宛てて報告書を出した。「現行の作戦が中止された場合、チンドウィン河西岸からモーライクを経てティディムに拡がるラインは最も適した新たな防衛線になると思われる」との報告をした。そう報告することによって私は、遠回しな言い方で、作戦中止に対する自身の見解を表したのである」

インパールから遠く離れた防衛線を示すことで、退却すべきことを暗に示したのである。

大本営が作戦中止を認可したのは七月一日。指揮官たちは、最後まで自分から作戦中止を言い出さず、自主的な行動に出ることはなかったのである。中止の判断が遅れた理由を、河辺司令官は、イギリス側の尋問でこう答えている。

「インパール作戦中断が、あのような展開を経て、これほど遅れてしまった理由は主に、任務遂行のためには出来るかぎりの努力を何でもしようという熱心さのあまり行き過ぎてしまったところにあった。しかしながら同時に、この作戦の政治的意義というものが、意識的であれ無意識的であれ、関係していた者たちに精神的影響を与えたということ、そして、戦術的な観点から言えば、六月の初旬より無駄な作戦が実行されていたということは否定できない」

凄惨な前線の状況を、参謀たちも把握していたが、作戦中止のために積極的に動いた者は見当たらない。

作戦の構想段階からその杜撰さを指摘し、ことあるごとに牟田口中将の作戦構想を修正させようと努力してきたビルマ方面軍、片倉衷高級参謀は、戦後、自らの責任を問われて、こう回答している(『片倉衷氏談話速記録(日本近代史料叢書)』)。

「〔インパール作戦は〕牟田口の責任だとよく言うでしょう。そんなこともない。ぼくは、僕自身の責任も感じている。どういう責任かというと、作戦を止めきらなかった責任。もう少しぼくが強ければ、ずいぶん強く進言したつもりだけど、まだ足らなかった。消極的な意見をいうのは、なかなかむずかしいことですよ。強いのはやさしいんですよ。消強く出るということはね。本当のところ、消極的にやるということは勇気がいります。なかなか大変なことなんです」

第6章
地獄の撤退路
── 白骨街道で何があったのか ──

白骨街道を描いた望月耕一さんの絵「死臭の水」

作戦中止後の悲劇

一九四四年（昭和一九）七月一日、大本営はようやくインパール作戦の中止を決定した。作戦開始からすでに四カ月が経っていた。しかし、兵士たちにとっての本当の地獄はこの後に始まる。インパール作戦の戦没者一万二五七七人の死亡時期を解析した結果、作戦中止後の撤退中に亡くなった兵士が実に六割に上った（本書口絵参照）。しかもそのほとんどが病死で、この中には相当数の餓死が含まれていると見られる。中止命令を受けた兵士たちは、ビルマに向けてジャングルの中を撤退することを余儀なくされた。しかしその時点ですでに武器・弾薬、食糧も尽き、多くの者がマラリアやアメーバ赤痢など熱帯地方特有の疫病に罹患していた。雨期の激しい雨の中、イギリス軍の執拗な追撃を受けながらの撤退は悲惨を極めた。兵士は次々に倒れ、撤退路には日本兵の死体が積み重なっていく。雨が遺体の腐敗を進め、数日で骨にしたという。自らの運命を呪った兵士たちは、こうした撤退路を「白骨街道」と呼んだ。

インドとミャンマーの国境近くにある村、タナン。ここにはかつて日本軍の駐屯地が

白骨街道

あった。チンドウィン河西岸の村トンへまで続く白骨街道の中間点に位置するシャン族の村だ。私たちは日本軍の撤退の様子を知りたいとこの村を訪ねた。日本軍の駐屯地跡の場所を村人に聞き、森の中を歩いていると、小高い丘の上にお寺があった。中にいた僧侶に案内を頼むと駐屯地跡まで連れて行ってくれるという。途中、飲み水にできそうな静かな清流を歩いて渡った。

「三〇年ほど前までは、この川沿いには日本軍の銃剣や鉄兜、飯盒や水筒が無数に転がっていました。人骨もありました」

僧侶は人がしばらく通っていないような、背の高い雑草の間を縫って進む。この道は現地では今もジャパンロードと呼ばれている。イギリス軍が造った道を近道で結ぶために、日本軍が戦争中に造った道だという。その道はやがて日本軍の撤退路となり、白骨街道と呼ばれることとなった。やがて駐屯地跡の空き地を通って再びジャパンロードが続く。道端に苔の生えた小さな墓石のようなものが無造作に立っていた。僧侶は、ミャンマー人はこのような石を建てることはないので日本兵のためだろうという。白骨街道で倒れた仲間のために、兵士が遺体の側に建てたものなのかもしれない。ジャングルの暗がりの中でひっそりと立ち続けていた石が、白骨街道の地獄絵図を物語っているようだ。

私たちはタナンを後にし、四輪駆動のジープでチンドウィン河沿いの村トンへに向かった。タナンからトンへに至る道は、白骨街道の中でも特に死者が多く凄惨を極めたと言われる。兵士たちがボロボロの体で歩き、倒れていった道は、七〇年以上経った今も全く舗装されていないうえにぬかるみがひどく、普通の車では絶対に走れないような悪路だ。途中、エンジンやタイヤのトラブルで何度も立ち往生した。最後に全く車が動かなくなった時にはとっぷり日が暮れて、辺りは暗闇と静寂に包まれた。野宿を覚悟したその時、奇跡的に車が動き出した。私たちがようやくトンへまでたどり着いた時には深夜近くになっていた。白骨街道で死んでいった日本兵たちが、私たちに「一緒に連れて帰ってほしい」と訴えかけていたのかもしれない。そんな思いに深くとらわれた夜だった。

ゾーミ族の人たちが建てた十字架

〝日本兵の亡霊〟

インパール作戦が行われた地域の村々では、今も日本兵の亡霊が現れるという話をよく耳にした。第三三師団が撤退した道沿いにあるチン高地の村シンゲルでは、夜に白骨街道を歩いていると道沿いで軍服を着た日本兵を見たという村人に出会った。兵隊たちが話す声も聞こえたという。しかし近づくと消えてしまう。

ある時、村人の夢に日本兵が現れ、「私たちが休む場所を作ってほしい」と訴えた。村人が道沿いに小屋を作ってあげると、それから日本兵は夢に出てくることはなくなったという。数年前、雨期の洪水でその小屋が流されてしまった。村では新たな小屋を作る資金がなかったため、代わりに同じ場所に十字架を建てた。この村に暮らすゾーミ族は、イギリスの植民地時代にキリスト教に改宗した人たちだ。私たちが訪ねると、今もそこには十字架が建っていた。ゾーミ語で「安らかにお眠りください」という文字が刻まれている。十字架のたもとには日本からの慰霊団が置いていったのか、桜の花と枝の造花が置かれていた。

その夜、宿泊所として使っていた小屋で食事をしている時に、カメラマンがノートパソコンに入っていた日本の演歌を流した。すると、現地のガイドも驚くほどにものすごい数の蛾が集まってきて、ランプの明かりに照らされた部屋の中を乱舞した。翌朝起きてみると、床中に力尽きた蛾が死んでいた。現地のガイドが私たちに言った。

「あの蛾たちは日本兵の亡霊だったのかもしれません」

インパール作戦から七十余年、今もこの地には多くの日本兵の遺骨が置き去りにされている。現地の人々が見るという「亡霊」は、兵士たちの無念を語りかけているかのようであった。

兵士たちの遺体が連なる〝白骨街道〟

南からインパールを目指し、あと一五キロにまで迫りながら、レッドヒル一帯の戦いで敗北した第三三師団。凄まじい豪雨の中での撤退を余儀なくされた。前進してきた距離はおよそ四〇〇キロ、その道を引き返すのである。

第三三師団通信隊の通信兵だった元上等兵の持田菊太郎さん(九六)。戦車連隊とともに最後まで前線に立たされた末の撤退だった。通信機器を背負いながら、歩を進めた。戦闘で負傷していた兵も多かったが、何よりも病に倒れる兵士が多かったという。

持田菊太郎さん

「水を飲むでしょ、アメーバ赤痢で、どんどん(病人が)出ちゃうわけです。するともう、一日か二日ですよ。二日でみんな死んじゃう。本当に、そのまま亡くなった人がいっぱいいるんです」

インパール南道を通りインドからビルマまで撤退を続ける日本軍。赤痢などに冒された傷病兵たちは、ビルマのティディムに作られた野戦病院に集まっていた。病院といっても名ばかりの粗末な建物の床には、大勢の兵士たちが倒れていたという。ミャンマーの取材では、日本兵を看病した当時一二歳のゴー・ヌアンさん(八五)に話を聞くことができた。

「みんなひどい下痢で歩けなかったんです。当時、わたしは病院で日本兵のお尻を葉っぱでふいてあげていたんです。世話をしている兵士たちが毎日死んでしまうので、とても怖かったことを覚えています」

その野戦病院にも、追撃の手が迫ってきた。

「イギリス軍が攻めてくるというので、兵士たちを置いて避難せざるを得なかったんです。あの日本兵はどうしたのだろうと、今もそのことが心に残っています」

七〇年以上前を思い出しながら話すヌアンさんの目には涙が浮かんでいた。

今回、イギリス帝国戦争博物館（インペリアルウォーミュージアム）で、亡くなった第三三師団の兵士を映した映像が初めて見つかった。ティディム周辺で撮影されたものである。密林の土の上に転がる遺体。わずかに映る顔は、若者のように見える。周囲を大きなハエが飛び回っている。壕のような穴の下で、うつぶせになった別の遺体の服は汚れ、背中には血の跡のような大きなシミが残っている。

凄惨な光景は、イギリス軍の兵士の記憶にも焼き付いていた。戦車で日本軍を追撃したコノリー・マルコムさん(九五)。何度も投降を呼びかけたが、日本兵は手を上げず、自ら命を絶っていったという。

「数えきれないほどの日本兵が自殺を図って、崖に飛び込み死んでいきました。あのたくさんの遺体は、長い間、放置されたに違いありません」

ともに死線をくぐり抜けてきた兵士たちは、負傷者に肩を貸し、励まし合いながら、撤退の歩を進めた。しかし、生き抜くために戦友に惨(むご)いことをしてしまったと持田さんは明かした。

「歩いていると、誰かに呼び止められた。誰だか分かんないですよ。こけちゃってね。顔の形がないんです。〝持田じゃねえか〟って、そう言ってる人、名前が分かんねえけど、ただ、声がね、声が、どっかで聞いたなって思ってね。〝はい〟って返事してね、〝連れて行ってくれ〟って言うから、初めは〝ああ、いいよ〟って言った」

持田さんはイギリス軍の追撃で、ふくらはぎに大けがを負っていた。

「五メートル歩きゃ休み、五メートル歩きゃ休み、これじゃあもうね、とてもじゃない、こっちが参っちゃうから、嘘も方便だよね、〝俺たちはまだ先へ行って、仕事があるから、先行くから〟って、もちろんその人たちは、そこで死んじゃうんですね」

置き去りにした兵士の姿を思い起こしているのか、言葉を選びながら語る持田さんの顔は苦しそうに歪んだ。

「やっぱり、心残りありますよ。悪いっていう気持ちはね、あります。それはね、いつも思ってますよ。悪いことしたなって。申しわけなかったって。もう本当にね、いつもね。思い出すんですよ、申しわけないと。だけど、しょうがないんだ。本当に、もう、どうにもならないです」

猛烈な雨と高温で、遺体はすぐに腐敗し、あっと言う間に骨になったという。撤退路には、日本兵の骨が連なった。持田さんはポツリと語った。

「"白骨街道"って言ったでしょう、それですよ」

独断撤退した第三一師団は……

司令部からの補給が受けられなかったため、独断で撤退を開始した第三一師団も、悲惨な退却を強いられることになった。師団が向かったのは、コヒマの南東にあるウクルであった。第一五軍との間で、この地で食糧や弾薬などを補給する約束があったとされる。

兵士を苦しめたのが、経験したことのない豪雨だった。歩兵第五八連隊第一〇中隊の分隊長だった佐藤哲雄さん(九七)は、名前も無いような小さな河川まで氾濫し、行く手を阻んだと語る。

「日本の雨はほら、まずたまにガーっと降っても晴れる間があるでしょ。〔戦地では〕雲が真っ黒になって、そういうことねえんだもの。降り始めたら、何て言えばいいかな、まず降り始めたら止むなんてことねえぐらい降ってるんだもんな。止んだと思えばまた次から降ってくるから、川なんか氾濫して、とんでもないとこまで水があふれてしまっていた」

難行軍の末、ウクルルにたどり着いた兵士たちは、呆然となった。食糧は皆無だったのである。今度は、インド・ビルマの国境地帯の村、フミネに食糧と靴があるという情報が入り、師団は急峻な山道を進むことになった。

兵士たちは、食べられそうなものは何でも口に入れたという。同じくコヒマから撤退した第三一師団山砲兵第三一連隊の上等兵だった山田直夫さん（九五）の証言。

「わしはもう、あの、ヒルとか食うたけどなあ。ヘビも食うたけどなあ。食うたけど、食うとこないよ。あと、トカゲはな、大きなトカゲは食うとこあるんやな。あらゆるものは全て食うた。そうせなんだら、死んでしまうわけやな。いろんなものも食うてきた」

飢えと病気のため、行軍について行けない者が続出した。山田さんは、形ばかりの救援をしたと、苦い記憶を話してくれた。

「竹の長いのを切ってきてな、それで、担架（たんか）を作るんじゃがな。それに〔傷病兵を〕乗せてな、それで、馬の鞍（くら）に括り付けてな、傷病兵を引っ張るんじゃ。舗装道路なら、ええけんど、山道だから、ガタガタ、ガタガタ、引っ張るですけんな。まあ、殺人みたいなものやな。それで、一晩中、引っ張ったらな、大体、朝になったら、まあ、九分九厘まで、死んだようになっとるわけやな。あとはもう、〝死ぬまでなんぼも見込みないよ〟というようなことでな、山の中に置いてな。それで、どんどんと、下がってきたがな。生きているような者を、置いていくっちゅうのはな、もう、それは、かわいそうなっちゅうかな、なんちゅうか、もう、いよいよ、本当に、情けない。誰が、背負うて行くわけにもいかんしな」

悲惨な撤退路を語る山田さんの目には、涙がにじんでいた。

兵士たちが歩いた山には、猛獣が生息していた。佐藤哲雄さんは、衰弱したわれる場面を何度も目にしたという。

「インドヒョウが、人間を食うてるとこは見たことあるよ、二回も三回も見ることあった。ハゲタカもそうだよ、転ばないうちは、人間が立って歩いているうちはハゲタカもかかってこねえけども、転んでしまえばだめだ、いきなり飛びついてくる、ハゲタカは。腹を裂いて、中を食べて、一人や二人死んだって、一気に白骨になっちまう。生きてても飛びかかるんだわ、人間が息してても、転べば、飛びかかってくるわな。飛んで見ていて、日本兵がうっかり転んでしまえば、頭から襲いかかってくる」

山田直夫さんは、生きながら蛆にたかられる戦友の姿を目撃した。

「倒れとってな、それでもう、死んどるかって見てみたら、目とか耳とか口が開いた所に、蛆虫がいっぱいわいとるんやな。よう見ていたら、まだ死んでない、生きとる。

心臓、バクバクしてるっていうたことが、何回もあったわいな」

こうしてたどり着いたフミネに食糧があったのか、インパール作戦について書かれた書籍には食い違いがあり、はっきりしない。しかし、今回の取材で出会ったフミネに暮らすフリングさん(八九)は、飢えて亡くなる兵士の姿を鮮明に記憶していた。

「村の至るところに遺体が転がっていました。この村だけでも二〇〇人以上の日本兵が死んでいたのを覚えています。たくさんの日本兵がこの村に集まってきたが、この村には、どこにも食べるものはなかったんです」

フリングさん

撤退命令を知らずインパールへ

牟田口司令官に仕え、司令部の内実を日誌に記録し続けた齋藤博圀少尉。七月一日に作戦の中止が決まった後も、物資を補給するために前線に向かっていた。

齋藤少尉は、作戦への激しい怒りを日誌

に綴っている。

「七月七日　前線の補給は絶対に不可能と判断し、補給を考えぬ此の無茶苦茶な作戦は徒らな損害のみを生じ必敗を経ると信ず。牟田口軍司令官の今次作戦強行の責任、重大なるを思う」

実は齋藤少尉は、司令部に身を置きながら、作戦の中止を知らなかった。日本軍はもはや、軍隊の体をなしていなかった。

「七月一一日　やつれ切ったインド兵、ぼろぼろの服の負傷兵が飯ごうと水筒だけは大事に抱えて土色の顔、ぼうぼうと伸びきったひげ、例外ない形姿にて後退していく。そろそろ道の両側に病と飢えで力尽きたる死者が出始めてきた。こんなものではありませんと下り行く一兵士が言う。ああ、これでインパール攻略はなるだろうか。何故の予等の前進だろうか。死臭が鼻をつく。たまらぬ。悲惨だ。一体これが勝ちいくさなのだろうか。分からぬ。恐らくは、今次作戦は失敗だろう」

齋藤少尉は、それでも、退却する兵士とは逆にひたすらインパールを目指し、進み続けた。

「七月一六日　アラカンの山々が左に続く。遥かに分れ路を行けばパレルである。インパールも近い。砲声が山々にこだまする。既にここはインドの地である。ああ遥々と征きに来て、遥々インドの地まで来たる。ああ、あのアラカンを行けばヒマラヤ山がガンジス川があるのだ」

「**七月一七日**　部長に申告す。地図を広げて戦況説明をさる。我が軍遂に補給続かず、損害余りにも多く、戦闘遂に不可能となり、撤収と決定す。ああ、追及の労空し、無念の涙をのむ。朝からの発熱。部長の説明中に意識を失って倒れる」

七月一七日、齋藤少尉は作戦の中止と軍の撤退を聞いている最中に発熱で意識を失った。病魔が、齋藤少尉にも忍び寄ってきたのである。

「**七月一九日**　夜、また高熱を発する。苦しい。脈一五〇、四一度二分。夢のうつつの境に入る。ああ。予の命もここで終わるか。初めての経験に分からなかったが今漸くマラリアにかかったと知る」

倒れれば、待っているのは死だけであった。齋藤少尉は、憔悴した体で撤退する兵の中に混ざった。悲壮な決意を綴っている。

「**七月二一日**　人の厄介になるくらいなら死のう。将校がだらしのない真似をしては士気が沮喪する。一人で歩けなかったら残された道は、そうだ、自決だ。刀は未だ曇り一つない筈だ。拳銃には装塡された弾丸が六発、他に手榴弾もある。はずかしくない死に方。けれど残念だ、敵と戦わずしての死。然し将校としての、青年士官としてのその矜は傷つけたくない。同じく病気で死ぬくらいなら、立派に最期を遂げようと決心する。苦しい。熱が高い。昔のことがぐるぐる廻り浮かんで又消えていく」

「七月二二日　歩かねば死ぬんだ。こんな所で死ぬのは犬死にだ。歩けと部長が言う。兵も全員体力が消耗しきってはいる。けれど高熱にあえぎながら歩く予は一歩また一歩と密林中におくれていく。〔略〕この身体であと六〇里〔約二四〇キロ〕

兵は進む　密林中に雨は止まぬ
喘（あえ）ぎ喘ぎ十メートル歩いては休む
二十メートル行っては転がるように座る
道ばたの死体が俺の行く末を暗示する」

齋藤さんは、マラリアの発熱に苦しみながら、地獄の撤退路を引き返していった。

渡れぬ大河

インドとミャンマーの国境地帯は世界有数の豪雨地帯と言われている。撤退する兵士を苦しめた雨は、どのようなものだったのか。私たちは、当時の降雨量のデータを入手し、解析した。月によってばらつきはあるが、降水量は一〇〇〇ミリメートル前後に達していた。インパール作戦が行われた一九四四年は、三〇年に一度の豪雨に見舞われていたのだ。

前述のとおり、私たちが最初にチンドウィン河の撮影に訪れたのは一二月の乾期だった。水量が少ないため川底は浅く、船が座礁しないように船員が長い木の棒を水の中に入れて水深を測りながら慎重に航行していた。川の流れもゆっくりで穏やかだ。

しかし、雨期のチンドウィン河を記録しようと七月に訪れた時、その風景は一変していた。直前に豪雨の日が何日も続いたため洪水が起こり、川沿いの村々に大きな被害を出していた。水位は数メートル上がり、乾期には船着き場で営業していた掘立小屋の食堂や売店は泥に埋もれていた。

水は集落の裏手にある水田に自然に入り込み、田植えが始まっていた。太古の昔から、雨期の増水は人々の暮らしに苦しみをもたらすと同時に、農耕のために欠かせない恵みでもあった。川沿いの家々が高床式であるのは、こうした増水に対応するための暮らしの知恵なのだ。

しかし、七〇年以上前に豪雨の白骨街道を命からがら逃げ延びた兵士たちの前には、雨期で増水したチンドウィン河の濁流が冷酷に立ちはだかった。戦没者一万三五七七人のデータの解析から、インパール作戦の死者の三割がこの川のほとりに集中していたことが分かった。増水し濁流と化したチンドウィン河を前に、兵士たちは渡ることもままならず力尽きていったのだ。

村人たちが見た地獄絵図

作戦開始当初、日本軍が駐屯したチンドウィン河西岸の村、モーライク。ジローという陽気な日本兵のことを記憶していたテイン・チーさん(八八)は、数カ月後に変り果てた姿で戻ってきた日本兵の姿も記憶していた。

「行きはみんな元気いっぱいで、大尉とか少尉は長い刀を差してかっこよかったです。それが帰ってきた時はみんな病気にかかってよく歩けない感じで、体のあちらこちらが腫れていました。こうした日本兵が家に入ってきたので、ご飯を食べさせてしばらく休ませてあげたりしました」

テインさんは、日本兵の死体も数多く目撃したという。

「すごく膨らんだ変な格好をした死体が川を流れてくるのをたくさん見ました。陸では死体というより骨を見ました。木陰に倒れていたり、空襲で壊れた家の中に横になっていたり。ある家に子供三人で入ったら、三名の日本兵が死んでいました。きれいに骨になっていました。靴は履いたままでした。男の子が靴を脱がすと、中から乾燥した蛆がたくさん出てきました」

下痢に苦しむ日本兵の姿も多くの住民が目撃していた。モーライクで日本軍の憲兵隊の手伝いをしていたター・ジーさん(九六)は語る。

「日本兵はずっと下痢をしていて歩けなくなっているので、ズボンを二枚ほど穿いていたけど、もう臭くて近寄れませんでした。遠くのほうから〝ご飯をください〟と合掌して合図してくるので、私たちは鼻をつまんでご飯を持っていきました。でも、食べてもまた同じズボンの中に下痢して、着替えもできません」

この日本兵の下痢に関して、現地でよく同じ話を聞いた。川沿いの村、タウンダットのルー・メェンさん(八七)は次のように証言する。

「イギリスの戦略で、わざと毒を入れた缶詰を倉庫に残していたり、飛行機から落したりした。食糧が補給されずにお腹を空かした日本兵はそれを食べてしまい、下痢になってしまったと聞いています」

毒入りの食糧をばらまいたという話はイギリス軍側の取材では検証できなかった。しかし、それほど日本兵の下痢の症状がすさまじく、現地の住民の脳裏に焼き付いていたということだと思われる。

「道端で下痢をして死んでいる日本兵を見た。緑色のハエが体中についてぶんぶん飛んで、全身が緑色になっていた。悲しいというか、本当に哀れでした」

川沿いで倒れていった戦友のために

チンドウィン河沿いの村々の中でも特に多くの兵士が亡くなったトンへ。ここには日本軍の野戦病院が置かれ、白骨街道を歩いて戻ってきた瀕死の兵士たちで溢れかえっていた。

多くの兵士たちが荒れ狂う大河を前に無念の思いで息絶えていった地だ。

この村に、日本軍の戦友たちが戦後建てた小学校がある。一九七八年（昭和五三）、戦後初めての遺骨収集団がこの地を訪れた。村人たち総出で協力し、多くの遺骨が見つかったという。その後、戦友たちは村人への感謝の印として寄付金を集め、小学校を寄贈したのだ。当時、遺骨収集に現地で協力した僧侶はその時の様子をこう語る。

「日本の戦友たちはこう言いました。〝日本に帰れない霊が私たちをここに呼んだのです。戦争の時に村人に迷惑をかけたので、学校を寄進したいのです〟。彼らは、死んだ日本兵がトンへの子供たちに生まれ変わっていると信じていたのです」

戦友たちが建てた小学校では今、ミャンマーの子供たちが元気いっぱいに走り回り、真剣なまなざしで学んでいた。仲間を置き去りにしてしまった戦友たちにとって、その魂がミャンマーの子供たちの中に息づいていると信じることこそが、せめてもの心の慰めだったのかもしれない。

兵士が目撃した戦友の死

第三一師団山砲兵第三一連隊の上等兵・山田直夫さんがトンへに到着したのは、七月下旬のことだった。五月の〝独断撤退〟から、二カ月近く経っていたことになる。ここで食糧が得られるのではないかと期待したが、住民は避難したのか、家はもぬけの殻だった。

「五〇戸もあるのに、一人もおらんですけんな。ですけん、我々は、部落を使いよったわけですな。そやけど、もう、そこで死んでいくというようなことであった。道の辺り、人が倒れとんのやな。〔天幕でつくった〕カッパをかぶってな、倒れとるんじゃな。立派な服着とるのよ。で、わしらが、天幕はぐってみたんよ。そしたら、もう、頭、白骨になっとったわな。そしたら、誰じゃったかしらん、〝こんなとこに写真があるわ〟って、それで、写真も拾ってきてな、そんで、わしら、見たんでやな。そしたら、女の人が背中に子供負うとる写真だったな。写真も汚れとったけどな。〝この死んどる人間が、自分がここで倒れた折に、どこかに入れとったもんを、持って出して、見ながら、死んでいったんじゃないか〟と言ったんですがな。また、天幕もかぶせて、写真も持たんでおこう言うて、立ち去ったんだな。

まあ、そんなこともありました。まあ、我々のような一人もんは、しょうがないけどなあ、家族のあるもんは、そういうのは、かわいそうと思ったです」

目の前には、四カ月前に渡ったチンドウィン河が広がっていた。穏やかだった川は、見たこともない姿に変貌していた。

「もう、言うたら、滝のようにっちゅうかな。水が流れとったわいな。チンドウィン河は、もう、どうもこうも、通れなんだ。それでなあ、色んな筏を組んでな。そしたら、筏組んで、出よったのも、もう、途中で、沈没してしもうてな。チンドウィン河は、雨期が来て、どこまでが川で、どこからが陸地やら、わからへん状態になっておりました。まあ、雨が降んのが、すごいもんなあ」

コヒマでの五〇日に及ぶ死闘をくぐり抜けた兵士たち。この先には食糧がある、この先では救援部隊が迎えてくれると信じ、ヘビやトカゲを口にし、泥水をすすりながら歩を進めてきた。ようやくたどり着いたチンドウィン河は、渡れぬ大河となっていたのだ。

「手榴弾で、それも仲間、集団で命を落としたのを見たですわな。もう、本当にかわいそうだったけど、これもしょうがない。安全栓抜いてな。それで、発火したら、四秒来たら、爆破するけんな。もうそりゃ、どうにもしてやることもでけん。もう、あっと言う間に、ボーンとされたら、人間はどこに飛んだか、わからんようなことになりましてな。それでもう、かわいそうな、どうもこうもなかった思うたですよ。そんなことも出会いました」

この頃、インパール攻略を神に祈り続けた指揮官、牟田口司令官は船でチンドウィン河を渡り、現場を離脱している。山田さんは言う――。

「私らは言わんけど、よう、日本は神の国じゃって、戦争には負けることはないんじゃと言っておりましたけどな。まあ、神がどこの神じゃったか、知らんけど、そういうことは、絶対なかったと思いました」

ある戦友の「病死」の真相

山田さんは、私たちが持参した戦没者名簿をじっくりと眺めた。指で名前をなぞりながら、知っている戦友を探す。ある名前で、その指が止まった。

「おぉ、〇〇じゃ」

その指を横にずらす。本籍地、亡くなった日、場所、そして最後に「病」と書かれていた。病死という意味である。

「病死と書いとるじゃろ。トンへでな、だいぶ元気になっとったけんどな、腕をやられてな、腕がなかった。わしと同年兵じゃけんな。ほかの連中が〝山田、山田いうて呼びおるぞ〟いうて。そやけんお互いに励まし合ういうかな、そういうことしか言えんわけよな。その後も、〝山田来てくれ、来てくれ言いおるぞ〟、いうようなことだったけんな」

その同年兵を励まし続けていたある日、山田さんは、何かの命令を受けたのか、食糧を探しに行ったのか、その場を離れた。戻ってくると、その同年兵は死んだと知らされた。自ら命を絶ったのだった。

「手榴弾で死んだいうようなことを聞いたけんな。もうわしが行ったころには向こうにおった連中が始末して、そこにはおらなんだわいな。かわいそうやったけど、どないもならんわいな、そやけん、まさかそんなことなるとは思わんけどな」

山田さんはもう一人、戦友の名前を見つけた。同じ村から戦地へ行った同年兵だった。「病」と記録されている。山田さんは眼鏡を外し、続けた。

「これは病死ですな、病死いうたら病死かもしれんけんど、自殺みたいなもんやな。手榴弾で死んだんではないんです、あのー、なんちゅうかな、剣を心臓へぶち込んだんよ。他の人が持ってきて置いた剣をな、すぐに引っこ抜いてやったんよな。ぱーっとやったら二秒、カタカタって動かしたらもうそれだけじゃった、もう。左の胸突っ込んどったけんど血も何にも出てなかったわな」

その後、奇跡的に日本に戻ることができた山田さん。その同年兵の実家を弔問に訪れ

た。仏壇の前には遺骨が安置されていた。あの状況で、誰かが遺骨を持ち帰ることができたとは、到底思われなかった。

「違う遺骨だってわかっとるけんな、〝そりゃよかったですな〟と言うよりもうほかに言いようがなかったけん、もう言わなんだです」

母親は、息子がどのように亡くなったのかを知りたがったという。しかし山田さんは、真実を話すことはどうしてもできなかった。

「わしはそれはもう〔最期の様子を〕はっきり見てたけんな。そやけんど、そのことはもう帰ってから絶対話さなんだよ。お母さんがおったけんな、かわいそうと思ったけん。そじゃけん、病気で死んだぐらいしか言わなんだ。もうどうしてやることもできんと思ったです」

絵筆を握り続ける元兵士

生と死が交錯した凄惨な撤退路。第三三師団衛生隊に所属していた元上等兵の望月耕一さんは、その光景を絵にしてきた。インパール作戦の実態を伝える写真や映像がほとんどないことから、絵筆をとろうと決意したという。絵と文章で当時の状況を綴った『瞼（まぶた）のインパール』という本も出版している。

望月さんがもっとも多く描いてきたのが撤退中の日本兵の絵だった。私たちに真っ先に見せてくれたのは、撤退中、戦友の靴を奪う兵士の姿だった。

「やっぱりね、体弱ったりして病気で寝たりしてれば、みんな靴、取られちゃったね。靴も何も補給ないだからね。情けねえ、そんな部隊が、作戦はねえでしょ。やっぱ体が元気な者にはかなわなかったね。体が弱けりゃ、抵抗したくてもかなわないね。その人裸足になって歩いてる。もう裸足じゃ歩けないんでね、毛布のようなものを巻いてさ、それで歩くんだね。何しろみんな靴ばっかりじゃない、なんでも物取られて、着てるものだって。まあ、自分がやっとこさだからな。人間が変わっちゃうわね。ちょっとぐらいの期間じゃない、長い間だもの」

絵には、「とらないで下さい　自分も後から行きます」という、倒れた兵士が発した言葉が書いてある。

望月さんもまた、自ら命を絶つ戦友を、目撃していた。

「夜自爆するのね、手榴弾で自決した人も大勢あったね。その瞬間ていうのは、音がするからね、手榴弾の音がね。それでわかるのね。それから、連絡も班の者が連絡に来たからね。今誰それが自爆しましたって。そういうのが毎日のように点々としてあって、それで大勢亡くなったんだよ、そうやってね。亡くなった人も結局ね、〝食べるものもないし、何にもないからもうこのままいたって死ぬだけだ〟と思ってね、悲観しちゃってさ。それで、亡くなっていった。食べるものでもあれば、まだいいだけど、なんにもないだからね」

敗走する部隊にもはや統制はなく、兵士たちは散り散りになっていった。身を軽くしようと、小銃すら捨てて歩いた。しかし、飯盒だけは、手放さなかった。望月さんは今も、インパール作戦から持ち帰った飯盒を大切に保管している。

望月さんは、チンドウィン河西岸のシッタンという村にようやくたどり着いた。しかし、雨期の川は濁流と化していた。

「ともかく船がないもんでね、渡って帰ってこられない。みんなそこで死んじゃった。病気とかだ。腹が減って、栄養失調でしょ、ね、食べるものなくてね。

それで敵の飛行機でもやられるしさ。いちばんやっぱ飛行機怖かったね。飛行機にね、一人見られるとね、撃ってくるだね、機関砲でね。その飛行機に毎日狙われていると恐怖症になる、飛行機の恐怖症にね、飛行機見えなくてもね、音がするともう、おっかながる。

早く川を渡りたくてね、そんだけしか思ってなかったけど、どうにもならない。船がないからね、川幅が一キロ、あの時ちょうど、雨期のちょっと遅いころだったから水がたくさん」

動けなくなった兵士たちが、豪雨でぬかるんだ道の上で、大勢横たわっていた。手を差し伸べる気力がある者は、もはやおらず、倒れた者は、死を待つばかりの状態となった。

「大勢亡くなって、一〇メートルの間に、四、五人亡くなってたですよね。それで早く亡くなったのは、もう白骨化してね。白骨になって、死んだばっかりのものは、蛆がいちゃってね。蛆がいっぱい体に入って、その蛆も二日か三日経てば、ハエになって舞って。そのあとハゲタカっていうのがいたね、それが狙ってるだよ、それで二日か三日で白骨になっちゃう」

次々と死んでいく戦友たち。後方からも、空からも迫ってくるイギリス軍。何とか脱出したいと、筏を作って渡河を試みた者もいた。

「いつごろに船が来るから渡れるっていうのがわかればいいんだけどね。そういうこともわかんないもんで、焦るね、焦ってさ、筏を作ってね、川の中ほどまでいくと、飛行機がずっと回ってくる、飛行機が銃撃して、大勢亡くなった」

身ひとつで渡河を試みた兵士が、流されていく場面を何度も目撃した。

「体が浮いちゃうからね。入るときに手をつないで、三人なり五人なりその川へ入るわけ。そうすると途中までいくとね、すごい川でね、それでちょっと体横になるとね、もう水にのまれて、波にさらわれて、ばーっと流れて行った。一緒に手を握ってこう、〝ああ〟っていって、仲間が流れてっちゃった。後はもうなんにも見えない、そのまま川下へ流れて。大勢流された、わしも見たけど、大勢流されたですよ、うん」

一体何人の兵士がチンドウィン河を渡ることができたのか。防衛庁が戦後に編纂した『戦史叢書』にも、その記述はない。

そして戦争は、人間から最後の理性まで奪い去っていく。

「食べる物が無いことは実に恐しい　ビルマへ退却中密林の中で兵が一人休んでいると二人の兵がきて　コイツまだ生きている　暖い　と話しながら出てゆく　こうして友軍の兵の肉をとりあるき　兵隊同志物々交換したり　売りつけていた」

絵を見る望月さんの目には、涙が滲んでいた。

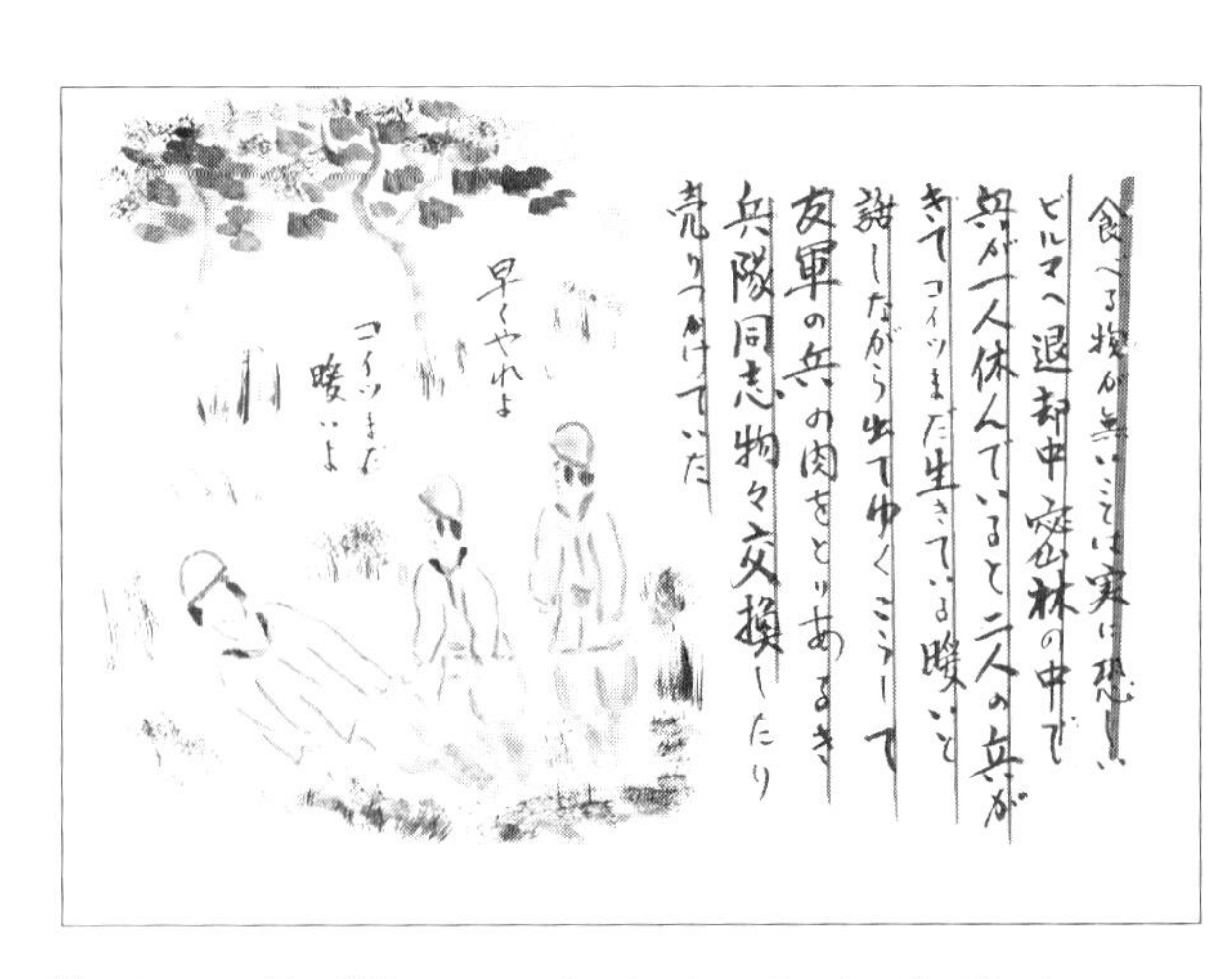

「一人で行動をとるなって、命令が出た。一人でいるなと、二人以上で、一人だと殺されて肉食われちゃうから。そうやって命令が出てただよ。殺してね。肉をね、取ってさ、それをまた、ものと交換して、同じ日本軍同士で、そのぐらい落ちぶれただ。まだ生きてる、息があった人の肉を、〝早く殺して肉切れ〟と言っているわけね、〝早くやれ〟って。まだ生きてるから体が温かいから半死半生、そういうことだね」

言い終えた望月さんは、「それがインパール戦だ」と吐き捨てるように言った。怒りの籠もったその声に、私たちは息をのんだ。望月さんはすぐに穏やかな口調に戻り、続けた。

「一言でいえば、やっぱ戦争はよくはないよね。みんな亡くなるから。一番インパール戦が、残酷だったんじゃないかね」

第7章
責任をとらなかった指導者たち

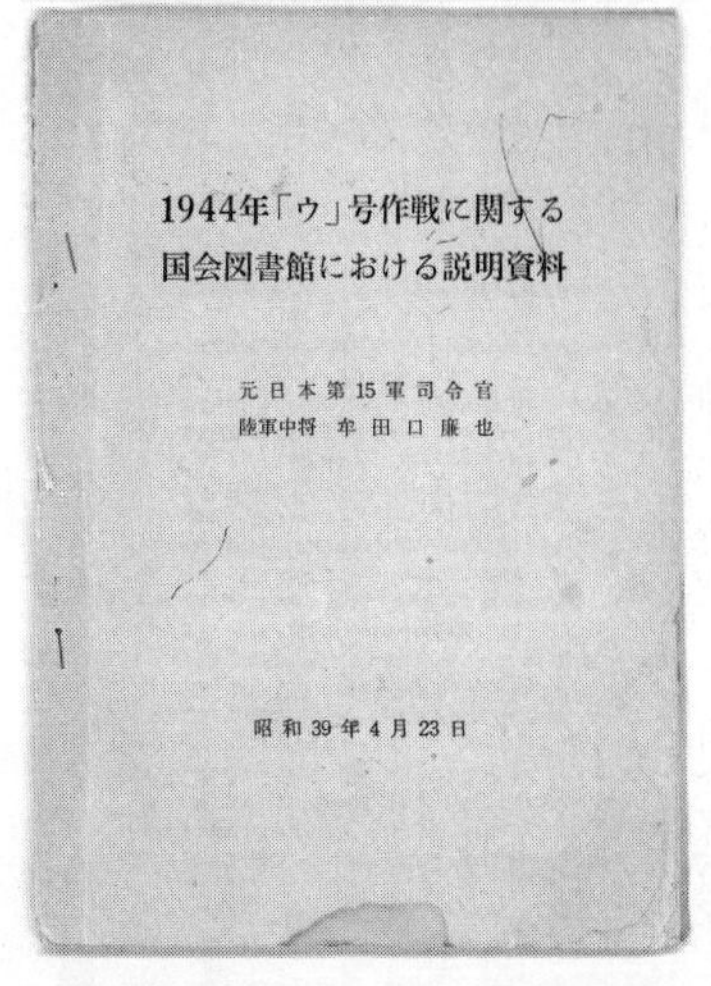
1944年「ウ」号作戦に関する
国会図書館における説明資料

元日本第15軍司令官
陸軍中将 牟田口廉也

昭和39年4月23日

牟田口廉也「1944年「ウ」号作戦に関する国会図書館における説明資料」

指揮官たちのその後

太平洋戦争で、最も無謀と言われるインパール作戦。戦死者はおよそ三万。傷病者は四万とも言われている。この事実と、軍の上層部は、どう向き合ったのか。

政略として早くからインドに目を向けていた東條英機首相は、インパール作戦の中止と時を同じくしたサイパン島の陥落によって、辞任に追い込まれた。一方、インパール作戦に関わった陸軍の指導者たちは、ほとんどその責任を問われることはなかった。

インパール作戦を認可した当時の参謀総長、杉山元元帥。冷静な分析よりも組織内の人間関係を優先して作戦を認可した杉山元帥は、東條の後を継いだ小磯国昭（こいそくにあき）内閣で陸軍大臣になった。

南方軍総司令官の寺内寿一元帥。「牟田口が信念をもってやるというなら思うようにやらせたらよいでないか」と作戦を認可した寺内元帥は、敗戦まで司令官の座にとどまり続けた。

ビルマ方面軍司令官の河辺正三中将。東條首相の打診を受けて作戦を後押しし、戦況の悪化を把握しながら、中止の決断もしなかった。河辺中将は、一九四四年(昭和一九)

八月三〇日付で参謀本部付に転補されてビルマを去った後、一二月一日付で中部軍司令官、翌年二月一日付で第一五方面軍司令官兼中部軍管区司令官、さらに、三月九日付で陸軍大将に栄進し、四月七日付で航空総軍司令官と要職を歴任した。

そして、第一五軍司令官の牟田口廉也中将。河辺中将と同様、一九四四年八月三〇日付で参謀本部付に転補されビルマを去ったあと、一二月二日付で予備役に編入、翌年一月一二日、臨時召集の上、再び陸軍予科士官学校長に任命された。敗軍の将が幹部教育を担うという陸軍の人事に対して、一度目の予科士官学校長時代の区隊長として、牟田口中将を尊敬していたビルマ方面軍・後勝参謀でさえ、わが耳を疑うほどの驚きであったと、回想録に書き残している(後勝『ビルマ戦記』)。

「戦いに勝敗は兵家の常で、武運つたなく敗れたときは、部下と運命を共にするのが武将というものではなかろうか。

ところがインパールでは、三師団長は責を負うて罷免(ひめん)され、アラカンの山中に万骨を枯らした将軍が、国軍の魂を受けつぐ将校生徒の教育に当たるとは、戦争末期の国軍人事も、地におちたものと思われてならなかった」

一方、その責任を問われ、更迭された師団長たちは、指導者たちとは正反対の運命を辿った。

第一五師団長の山内正文中将は、メイミョーの兵站病院において一九四四年八月、戦病死した。山内中将は四月に発熱し、病臥しながら指揮を執ったが、六月には病状が悪化し、半身を起こすどころか、頭を上げることもかなわぬ状態であった。第一五師団の参謀長、岡田菊三郎少将の回想によれば、山内師団長は第一五軍の非を一切口にすることはなく、すべてを自己の責任とし、上司にも恨みがましい事は語ることがなかったという(大田嘉弘『インパール作戦』)。

第三三師団長の柳田元三中将。インパール攻撃を中止し、防衛態勢に移るべきだと進言した柳田中将は、牟田口司令官の逆鱗に触れ、一九四四年五月九日、更迭が決まり内地帰還を命じられた。その後も、作戦に消極的な師団長であったと批判を浴び続けた。後参謀の回想によれば、この悲劇の将軍は、内地に帰ってからも、ビルマの戦場で一万の将兵を失ったことを憂い、「一人おめおめと生を貪るに耐えら」れなかったという。海外勤務の経験も豊かで、ソ連情報の専門家でもあった柳田中将は、「いずれこの大戦の敗戦は避けられまいが、わが国が米英と戦って、戦力を使い果たして手を挙げそうになったとき、ソ連はかならず出て来て最後の止めを刺すであろう。そのとき私は、人並み以上の働きができるつもりであるから、最後のご奉公を満州でしたい」と、みずから希望して満洲の関東州防衛司令官になった。

翌年八月九日、柳田中将が予期した通り、ソ連が満洲に進攻した。略奪や暴行が相次ぎ、柳田中将はロシア語で声を張り上げ制止したという。ソ連側は柳田中将を連行、消息を断ったと伝えられる。その後、一九五七年(昭和三二)春、モスクワ監獄で獄死した。

後参謀は、インパール作戦での更迭、消極的な師団長と見なされた〝負い目〟が、柳田中将を死に追いやったのではないかと述べている(後勝『ビルマ戦記』)。

「抗命事件」の顚末

独断撤退によって更迭された、第三一師団長の佐藤幸徳中将。師団長による独断撤退は、日本陸軍を根底から揺さぶる大事件となったが、更迭後の行動もまた、軍指導部の「責任のあり方」をめぐって大きな波紋を呼んだ。佐藤師団長は、一切の責任を現場に押しつけようとする陸軍上層部と、真っ向から対峙したのだった。

一九四四年七月五日に更迭された佐藤中将は、「第三一師団に抗命の事実はなかった」と主張していた。つまり、軍の命令に背いたのではなく、作戦指導そのものに問題があったと言及し、軍法会議において、上層部の責任を徹底して糾弾するつもりであった。読売新聞社編『昭和史の天皇9　インパール作戦』には、佐藤中将が軍法会議のために用意した「陳弁」が載っている。

「〔第十五軍首脳は〕つねに自己をあざむくの結果、ついに上を偽り、下を侮るの結果を招来し、雨期における補給まったく不可能なるか、少なくとも甚大な支障あることを詳知しつつ、あたかもこれを可能なりとするがごとき報告を誘出し、政略に偏執せし心理とあいまって、ついに事態収拾の時機を忘却するに至り、今次の惨憺たる結果を生むに至れるものなり。

〔略〕今回の事件〔独断撤退〕のごときは、作戦指導および統率の全貌を窺知しうる些末なる一端に過ぎず、全く問題となすに足らざるものにして、予はこのさい中央において、すみやかに本作戦の全貌を検討せられんことを、衷心より切望するものなり」

しかし、ビルマ方面軍の河辺司令官は、まったく別の方法での決着を画策していた。それは、佐藤中将を「精神異常者」として扱うことで、軍法会議を避けることだった。河辺司令官は、軍の統帥を鑑みて、「抗命事件」の責任追及よりも、作戦中止後の軍の再編の方が喫緊の課題であると考えていた。河辺司令官は当時の心境を以下のように語っている。

「こんなとき佐藤中将を軍法会議にかけてもどうなるものでもない。〔略〕法廷において軍司令官と師団長の対決を行ない、いまさら国軍の恥をさらすことが今後の統帥に何の益があろうか。まして国家の運命が決しようとしている今日既に罷免された佐藤中将の措置に煩わされることは急迫している戦況が許さない。この際「苛烈な戦局下における精神錯乱」として佐藤中将を扱うことが当を得た策であろうし、事実あの苛烈な戦局下においては情状酌量の余地は十分認められる」

七月二三日、河辺中将は、ラングーンの方面軍司令部を訪れた佐藤中将と会見。佐藤中将は第一五軍への非難を繰り返したが、河辺中将は「統帥の大綱」に沿って、「最後に事の重大なるを示唆し、ともかく軍医部長の要請する所に柔順になれ」と指示した。そして、軍医部長によって佐藤中将の身体検査、検診、事情聴取が行われた。陸軍からは法務局の係官が派遣され、方面軍からは法務部長が派遣されて、佐藤中将の取り扱いについて協議に入った。

その間、牟田口中将は「〔佐藤中将に〕情状酌量の余地なし、軍律に照らし厳重に処断せよ」と主張し続けたが、河辺司令官は、「精神錯乱」として問題を伏せることは、牟田口中将に対する「親心」であると説得したのであった。

結局、「精神錯乱」ということで「抗命事件」は不起訴と決まった。佐藤中将を軍法会議にかけることで戦場の実態が露わになり、その責任が軍の中枢まで及ぶことを恐れたためであった。

この結末について、佐藤中将は回想録で、次のように所感を記述している。

「これで事件は解決したことになった。しかし、いかにも奇怪な事件であった。軍法会議がどのようにおこなわれたのか、精神異常の診断はどうなったのか、何もかも、あいまいであった」

「大本営、総軍、方面軍、第一五軍という馬鹿の四乗がインパールの悲劇を招来したのである」

その後、佐藤中将は、いったん第一六軍(ジャワ)司令部付となったが、一一月二四日付で予備役に編入された。その後本土決戦の準備が進んでいた一九四五年五月、人手不足のため現役に復帰、東北軍管区付となって終戦を迎えた。

佐藤中将の戦後

曖昧のままに終わった「抗命事件」。責任の追及を免れた陸軍指導者たちとは異なり、佐藤中将は「独断撤退した不名誉な軍人」として、その責任を戦後も問われ続けた。

その流れに変化があったのは、一九四九年に戦記作家の高木俊朗が記した『イムパール』によってであった。報道班員としてインパール作戦に従軍した高木は、陸軍上層部が進めた無謀な作戦の実態を明らかにする一方、佐藤中将を、独断撤退によって部下の命を救った名将として描いたのだ。さらに高木は、佐藤中将の行動に的を絞った『抗命インパール作戦——烈師団長発狂す』を一九六六年(昭和四一)に発表し、ロングセラーとなった。

しかし、それも長くは続かなかった。昭和四〇年代から続々と反論が相次いだ。

問題とされたのは、「皇軍八〇年の統制の伝統を破り、不可侵の軍律を犯した事実」（伊藤正徳『帝国陸軍の最後 死闘篇』）であった。「自己を捨てても友を守る」という武士道精神に欠けた行為であり、職業軍人であれば誰ひとり「抗命事件」を肯定する者はいないと、批判された。

公刊戦史とされる『戦史叢書 インパール作戦』を防衛庁防衛研修所戦史編纂官としてまとめた不破博元少将も、佐藤中将の独断撤退を批判した一人であった（大田嘉弘『インパール作戦』）。

「結局、問題の核心は「上級指揮官の命令が適当でなかった場合でも、下級者はその命令に従わねばならぬか」という一事に帰するようであった。しかし、この設問は「上級指揮官の命令が適当でないと受令者が判断した場合でも、なおかつ、受令者はその命令に従わねばならぬか」ということになる。佐藤中将は「そんな命令には従う要なし」と言い切っている。しかし、筆者（不破大佐）は受令者の判断で命令服従の可否が決定されることは、統帥の本義から考えても断じて認められないことと信じるので、前記の設問に対しても「いかなる命令にも絶対に服従すべきである」と答えたい。従って、佐藤中将の事例も「軍紀を破壊する許し難い行為」と断ざるを得ないのである」

さらに、佐藤中将の独断撤退が第一五師団に大きな悲劇をもたらしたこと、および軍の統帥が破綻しインパール作戦は崩壊したことなど、作戦失敗の最大の要因として強く批判された。

実際に、第三一師団の撤退断行によって、第一五師団は側背から不意に急襲され、多くの損害がでた。佐藤中将も、その損害を予想していたが、退却に際しては、第一五師団に事前の通報をしなかった。その理由は、「第三十一師団が退却すれば、第十五師団も現戦線で耐えきれなくなることをわかっていたため、その責任は自ら一人で負う」というものであった。

第三一師団の参謀長として、極めて困難な環境下で師団長補佐の重責を担った加藤国治大佐は、佐藤中将が軍に対し深い不信、憎悪の感情を抱くのも当然といえるといいながら、独断退却を肯定することはできない、としている。

「軍が実情を無視した要求をしても、師団としてはその実情をよく軍に説明し、次善、三善の策案を講ずべきであり、一挙に戦線を崩壊させ、インパール作戦そのものを瓦解させてしまうところまで突っ走るのは何といっても無謀といわざるを得ない。

師団長はチャカバマの戦闘司令所にこもったきり、一人で苦悩し、一人で自問自答を繰り返していた。その結果自分の参謀長まで自分の考えをわかろうとしない、方面軍も駄目だ、このうえは自分の信念を貫くのみだと思い込んで退却を始めたのであろう」

第三一師団の独断撤退によって多くの犠牲が出た第一五師団の将兵も、佐藤師団長を強く批判した。軍事研究家の大田嘉弘氏は、第一五師団の記録から次の二つを紹介している（大田嘉弘『インパール作戦』）。

「二つの河の戦い」歩兵第六十聯隊の記録（ビルマ編）（要約）

隣接友軍の無通告退却のために、直接の被害者となったわが右突進隊は、腹背の敵から挟撃されて、推定二六〇名以上に及ぶ犠牲者を出す運命の日となった。

半日ほど、否数時間のこの戦闘で戦死者のみで二〇〇名以上という数値は、インパール作戦の全戦域、全期間を通じて、損害の規模の面からは最大であったのではないだろうか。

そして、この時の生残りであるわが聯隊の多くの者にとっては、損害の主因が、戦場のルールと道義を無視した隣接部隊の友軍にあったというまぎれもない事実によって、戦後なお敵に対するよりも、さらに激しいある種の感情を捨てきれない宿命を負っている。

従来までのあらゆる戦史や戦記等において、およそミッションに関しての実相は省略されているもの多く、逆に烈兵団（第三一師団）の抗命退却等は人道的名目のもとに正当化されているごとく思われる。

それは単に感情という小さな範囲を越えて、人間の生と死への対決問題でもあったが故である。かけがえのない戦友を失わされた悲しみの隣には紙一枚の差で自分自身の生死がかかっていた。その思いの根強さは、生ある限り無限にもち続けてゆかれるかもしれないのである。

「抗命部隊」第二大隊砲小隊　桑原真一(要約)

六月下旬、私は師団輜重聯隊の本部と行動をともにしていた。宿営地のそばのフミネ方面に通ずる道路をガヤガヤと大勢が通る足音に目覚め、天幕外に飛び出して驚いた。見ると松明をかざした野盗に見まごう一団が歩いている。しかも我々と同じ軍衣をまとった兵である。友軍なのだ。しかも部隊なのだ。

灯火を制限されているのに無視している。どの部隊かと誰何すると、烈だという。「誰の命令で退るのか」というと、師団命令だと言い、「喰わぬと戦えぬ、喰えるところまで退る」と言った。

「勝手に烈が退ったら祭(第一五師団)はどうなるのか、祭は前線で戦っている。祭を見殺しにする気か」と大声で叫んだが、馬耳東風と大勢で通り過ぎて行った。

その後、輜重聯隊にも転進命令が下り、フミネに到着したが、そこには一粒の米もなかった。

耳に入ったのは六月下旬に烈の兵隊の襲撃を受け、否応無しに少ない糧秣を奪われたという情報であった。友軍である烈の徒党を組んだ襲撃の情報は信じたくなかったが、タナンに向かう撤退行軍の苦難の日々が重なるにつれて、烈の兵隊に対する憎しみの感情が起こるのは、やむを得なかった。

終戦後二〇数年を経た今日でさえ、捨てられた弁当にご飯粒が残っているのを見ると、あの山中で、この米粒があったらと思うと同時に、「その時の米は、烈に奪われたのだ」という思いが、頭をかすめてくるのである。

余談だが、右記の回想を綴った故桑原真一氏には、一〇年前に撮影に応じてもらったことがある。当時のテーマはインパール作戦ではなく、漫才師などによる戦場慰問団「わらわし隊」についてであった。中国戦線で慰問団をみたという桑原さんは、つかの間の笑いに浸った。しかしその後、インパール作戦を経て、多くの戦友を亡くしたことで、「戦後は一度も心から笑ったことがない」とカメラの前で語ったのだった。

さまざまな批判に晒された佐藤中将。敵前撤退を断行するに至った当時の心境を戦後、次のように述べている。

「私はインパール作戦には当初から不賛成であり、そんな危険を冒す必要はないと思っていた。しかし作戦が始まってからは決して不平は言わなかった。軍から命ぜられるとおりすみやかにコヒマを占領して大いに軍の作戦に寄与しようと思っていた。

作戦は開始され、私は師団を率いて突進し、所命のように三週間でコヒマを占領した。しかし爾後軍は当初の約束どおり師団に補給しなかった。そのうち敵の反撃は強大となり、損害は逐次大きくなっていった。

糧食も弾薬もなくなった。このまま任務第一主義で頑張ることは玉砕を意味するのみであった。元来私は「玉砕」などといった思想は持っていない。玉砕は作戦の失敗を意味するもので名誉と考えるのは誤りである。

食うものもなく、戦闘力もない状態で頑張るのは馬鹿気たことで、そんなときは戦力の温存を図らねばならぬ。〔略〕

軍の言うとおりにしていては師団は玉砕する。今後は私の考えどおりに行動しようとこの時腹を決めた。

この時を転機として私の頭から軍司令官も軍参謀長も消えてしまい明鏡止水の心境になった。

コヒマ戦闘間私はインパール作戦についていろいろ考えた。何とかして無謀なインパール作戦を中止させねばならぬと。

このため軍はもちろん対手にできない。方面軍を対手に作戦を中止させようと思い、方面軍に電報を打ったりしたが駄目だった。

このうえは非常手段に訴えインパール作戦を否応なく中止させねばならぬ。この際わが師団が退却を始めれば戦線は崩潰し、どんなに牟田口中将が頑張ろうとしてもこの作戦を中止せねばならなくなるであろう。

こうすることによってわが師団を無意味な玉砕から救い、ひいては第十五軍自体をも自殺にもひとしい潰滅から救うことになるのである。

私は以上の決心を私一人の責任において決行した」

戦後、佐藤中将は郷里の山形県東田川郡余目(あまるめ)町に帰り、鶴岡、酒田市など近くの二市一六町の戦没者遺族を弔訪して歩いたという。まもなく上京し、世田谷区二子玉川では借家住まいであった。そして、一九五九年(昭和三四)二月二六日、生活困窮の中で肝硬変のため六五歳の生涯を閉じた。身のまわり一切を、整理してあったという。残されていたのは戦没者の名簿一冊のみだった。

「抗命事件」は、無謀な作戦が生み出した凄惨な戦場を象徴する事件であった。それだけに事件を軍法会議にかけることなく、「精神錯乱」によって曖昧に終わらせた陸軍上層部の責任は重いと言わざるを得ない。

尋問に答えた一七人の指導者の「責任」

その陸軍上層部に対して、インパール作戦の責任を追及した機関があった。敵であるイギリス軍である。戦後、インパール作戦に関わった指導者層に対して、尋問を行っていた。イギリス領であったインドに、日本軍はどこまで攻め込むつもりだったのか、インパール作戦の計画立案から、中止に至るまで、少なくとも一七人の司令官や参謀が調べられた。その尋問調書は、帝国戦争博物館（インペリアルウォーミュージアム）に残されていた。尋問では、日本軍の最高統帥機関・大本営の参謀も対象となっていた。作戦課長だった服部卓四郎大佐。インパール作戦を認可した大陸指に、押印した一人だった。

イギリス軍より、「日本軍のどのセクションが、インパール作戦を計画した責任を引き受けるのか」と問われた服部大佐は次のように回答した。

「インド進攻という点では、大本営は、どの時点であれ一度も、いかなる計画も立案したことはない。インパール作戦は、大本営が担うべき責任というよりも、南方軍、ビルマ方面軍、そして、第一五軍の責任範囲の拡大である」

インパール作戦の責任を陸軍上層部はどのように捉えていたのか、私たちは、様々な資料や証言を探したが、大本営の見解としては、これが唯一入手できた資料であった。

牟田口中将は、戦後、服部卓四郎大佐と面会した。その様子が「回想録」にある。

「服部卓四郎君が復員局に居られた当時、戦争資料を整理する為インパール作戦関係者が集まった際、私はその時まで疑問にしていた「インパール作戦について大本営としては希望していたか」との私の問に対して、「冗談ではありません、大本営としては反対であった」旨答えられた。私は全く途方に暮れた感じがした」

牟田口中将としては、大本営が求めていたからこそ、幕僚や師団長らの反対を押し切って、インパール作戦を決行したという思いがあった。ハシゴを外されたと感じたのではないか。

しかし、こうした大本営のあり方に対し、牟田口中将は戦後多くを語らなかった。

牟田口司令官の戦後

第一五軍牟田口廉也司令官は、戦後は東京都江戸川区で余生を送った。戦後一一年を経て、一九五六年(昭和三一)、防衛庁戦史室から依頼されて、インパール作戦についての「回想録」を執筆した。その内容は、弁明とは異なり、ほとんどが自らの作戦指揮に対する「反省」であった。こんな「前言」から始まる。

「私の統率なり判断ぶりは殆(ほと)んど総てが非であったと思われてならない。私は終始自らを責めて懊悩の日々を過ごして居る。今更自らを飾るとか、罪を他に転嫁しよう等という考は微塵もない。寧ろ総て具合の悪い事は私の責にして貰いたいと念願して居る位である。私は凡てを有りの儘披瀝して批判の資料に致したい。蓋し今日私が国家に奉ずるの道は之を措いて外にないと信ずるが故である」

自身の述懐によれば、敗戦後の牟田口中将は、各方面からの批判、悪罵にひたすら堪えた。陸軍士官学校の同期生からも「牟田口はあれでよく生きていられる」とか「坊主になれ」と言われた。慰霊祭に出席すると将兵の遺族から「あんたが牟田口か、帰ってもらおう」と口汚くののしられ、身を震わせながら退出したこともあったという。佐藤幸徳第三一師団長が亡くなった時には、遺族の前で「私が悪かった、許してください」と頭を下げていた。

戦後、インパール敗戦の元凶として攻撃の矢面に立たされた牟田口中将に対して、同じように無謀な作戦を後押ししたビルマ方面軍司令官の河辺正三中将は、これほどの批判には晒されなかった。

河辺中将は、戦後、仏門に入り、全国を行脚して戦没将兵の弔問を続けた。陸軍大学校卒業の際に授けられた恩賜の軍刀は短く切り分けて、当時の部下たちに贈ったという。その一人、ビルマ方面軍の後方参謀だった後勝少佐は、河辺中将の戦後について、こう書き残している(後勝『ビルマ戦記』)。

「私は昭和二十二年(一九四七年)五月、アメーバ赤痢の重症で、病院船有馬山丸で帰国した。そのとき私の留守宅に、一振りの短刀が、司令官から贈られているのを知った。その短刀には、「頒恩賜」と書かれており、司令官が、天皇陛下から賜わったものを、お贈りいただいたものと思われたが、祖国再建の胸中を託された、古武士のような司令官の心にふれる思いがした。〔略〕

その後、司令官は、ビルマ戦没将兵の身の上や、祖国の将来に思いを馳せながら他界されたが、その武徳を偲ぶ恩顧の人々は、相よって昭和四十一年、富山県砺波市の郷里にその銅像を建て、その遺徳を後世に伝えているのである」

一九三七年の盧溝橋事件以来、直属の上司と部下という関係から労苦を分けあってきた河辺中将と牟田口中将。強固な信頼関係によって、インパール作戦をともに推し進めた二人の戦後は、あまりに開きがあった。

軍事研究家の大田嘉弘氏は、戦後、この二人にそれぞれ面会している(大田嘉弘『インパール作戦』)。牟田口中将は「感情の高ぶるままに絶句落涙することが少なくなかった。一方、〔略〕河辺大将に対しては一言も加えるところがなかった」。しかし、河辺中将は、牟田口中将について、「牟田口はまだそんなことに悩んでいるのか」と述べていたという。

大田氏は、「あれほど許し合った両将軍の仲を冷却させた原因は、陸軍中央部が、河辺中将に対しても、インパール敗戦の責任をとらせなかったことに因る」と述べている。

残された肉声テープ

「敗軍の将　兵を語らず」と、何ら弁解がましいことをせず、一切を世の批判のままにまかせて沈黙を守っていた牟田口中将。死ぬまでそうするつもりだったという。

しかし、戦後一七年が経った一九六二年(昭和三七)七月、その姿勢は大きく変わる。ビルマから帰還した将兵たちから成る戦友会に出席した牟田口中将は、その席上で激しい痙攣に襲われた。医師から「長い間の精神的苦悩がその原因である」と診断され、二週間病床に伏せていた牟田口中将に、一通の手紙が届いた。送り主は、元イギリス軍第四軍参謀アーサー・バーカー中佐。イギリス軍の戦史を執筆しており、インパール作戦における日本軍の行動を教えてほしいという依頼であった。そして、手紙には、「日本軍の将兵が非常に勇敢であったことを賞賛するとともに、作戦の遂行においても日本軍は九分どおり成功であった」と綴られていた。

その後、牟田口元中将は、バーカー中佐との八回に及ぶ往復書簡によって、自らの作戦遂行に間違いはなかったと、確信を深めていった。そのやりとりを自らまとめ、公的な記録に残したのが、第1章の冒頭で触れた肉声テープ、「牟田口廉也政治談話録音」であった。

「終戦後十九年間、私は苦しみ抜いて、日本国内で「牟田口の馬鹿野郎、馬鹿野郎」でもってすべての雑誌でも、戦記等でも叩かれておったんですが、それがバーカーのこれで、私は神様のお告げでないかというぐらいにこのバーカーの手紙を喜びました」

「政治談話録音」は、国立国会図書館が実施したもので、主に昭和前期から戦後にかけて日本の政治史で指導的な役割を果たした人物や、歴史的に重要な事件にかかわった人物を対象に、これまで公表されていない事実などを聴取することが目的とされた。一九六一年に、作家で参議院議員をつとめた故山本有三氏らの提案を契機に始まり、市川房枝氏や藤山愛一郎氏ら歴史に名を刻んだ政治家など一〇名が選出され、山本氏らがインタビューをする形式で実施された。

しかし、牟田口元中将が語るインパール作戦だけは特殊だった。日中戦争の発端となった盧溝橋事件についてのインタビューに応じた牟田口元中将は、収録後に「インパール作戦についても録音して欲しい」と自ら申し出たのだ。そして、一九六五年二月一八日に実施された録音の形式もまた異例だった。インタビュアーは存在せず、マイクに向かった牟田口元中将が、事前に作成した「一九四四年「ウ」号作戦に関する国会図書館における説明資料」という冊子を自ら読み上げたのだ。国立国会図書館に保管された速記録の「まえがき」には、わざわざ注意書きが記されている。

「本録音は、〔略〕牟田口氏が様々な機会に主張していたことを、一方的に語ったものである」

「政治談話録音」は、録音時より二〇年間は公開しないという原則があった。それは牟田口元中将を強く後押しした。録音の冒頭、きっかけはバーカー中佐との往復書簡であったと述べた後、その内容を突き詰めて言うと「河辺さんの悪口になる」と断った上で、録音を希望した理由を宣言している。

「河辺さんが生きている間に、「こんな馬鹿なことをしたじゃないか」ということは責められない。それだから、どうしてもこれを後世に残すためには、こちらにお願いをしてそれを秘史として残しておいていただきます。そして、河辺さんも亡くなり、私もあの世に行ったのちに真相を発表していただくということ以外に私のムクムクした気持ちが収まらない」

これまで耐えてきた河辺中将への批判に踏み切ったのは、自らが下した、ある作戦命令が関係していた。牟田口元中将は、バーカー中佐によって、その作戦命令の正当性が裏付けられたと、確信していた。それは、佐藤幸徳師団長が率いる第三一師団がコヒマを占領した際に下した、さらに西に位置する「ディマプールへの追撃命令」であった。ディマプールを攻略することは牟田口中将のかねてからの念願であり、佐藤師団長が必要とする糧秣も獲得することができ、この方面のイギリス軍の防衛態勢を崩壊させられると期待していた。一方、河辺中将は、「ディマプール進撃は、ビルマの防衛強化という作戦計画の範囲を超えている」と牟田口中将の追撃命令を阻止した。

「結論的に言えば、当時私は第三一師団長に対し、「直ちに退却する敵に尾してディマプールに突進すべし」と命令したのである。なんぞ図らん、この命令は河辺方面軍司令官によって取り消されたのである。残念ながら勝敗の因は一にかかってここにあったと思う」

そのディマプールについて、バーカー中佐は「イギリス軍の配備が薄弱だった」と牟田口元中将に手紙で伝えた。牟田口元中将は、「神のお告げ」と歓喜したのであった。

「バーカー中佐の第四信は〔略〕私が戦後今日まで悩み続けた暗雲を一辺に吹き飛ばしてくれました。私は間違っていなかったのだ！　何も恥じることは無い。私が決心したとおりやっていたならば勝てたのだ」

〝追撃〟は可能であったか

果たして第三一師団のディマプールへの追撃は可能であったのか。

元防衛大学校総合安全保障研究科教授、現・至誠館大学教授で戦史学者の荒川憲一氏は、軍事的合理性の視点から「ディマプール追撃は、極めて困難である」という結論を導いている(荒川憲一「日本の戦争指導におけるビルマ戦線」)。日英の公刊戦史をもとに一九四四年四月四日から四月中旬までの両軍のコヒマ西南高地周辺への兵力進出状況を検討した結果、イギリス軍は当初からここに陣地を確保するだけでなく、逐次兵力を増援し、さらに制空権も握っていたことを要因に挙げている。

また、荒川氏はイギリスの戦記についても言及している。

「『コヒマ(KOHIMA)』の著者A・スウインソン(Arthur Swinson)は、この問題について河辺と牟田口の命令を比較した上で「牟田口の方が実際正しかった」と断言している。しかし、これは日本軍を過大評価しすぎている。ディマプールに進出できるのは歩兵第一三八連隊第三大隊が先頭になるであろう。その三大隊はコヒマ〜デイマプール道遮断のため四月六日コヒマ西方・五キロの高地に進出したが、そこで英軍部隊と接触する。大隊はこれを夜襲したが、失敗、大隊長は戦死して、以後両部隊は対峙状態のままとなった。結局ディマプールへの突進が成立するためには三一師団に補給能力があり火力が追随しているという英側と同様な条件が必要である。師団の山砲兵連隊のコヒマ進出は四月二〇日頃と予測されており、携行して来た補給品も底をついてきた。軍からの補給は期待できず、コヒマで手に入れた敵の物資も砲爆撃で失われた。英軍側はディマプールからの増援が日を追って殺到していた。なによりも一九四四年の英印軍は牟田口がシンガポールで戦った時の包囲すれば逃げる英印軍ではなかった。

牟田口のアイデアがたとえ戦理的に妥当なものであっても、そこには補給と火力の裏付けなしには、アイデアは実現しないのである。地図の上に矢印は一瞬にして引けるが、実際そこを進むのは重い武器・弾薬・糧食など〔を〕携行した生身の人間の部隊である」

牟田口廉也司令官の遺品の中に、一冊の古い洋書があった。バーカー中佐が往復書簡の末に刊行した『デリーの進軍』である。序文は、牟田口元中将が執筆していた。自らの顔写真とともに記されたのは、インパール作戦遂行の正当性であった。

『デリーの進軍』は、日本では現在も出版されていない。

牟田口司令官の孫に当たる照恭氏は、この本を手に取ったこともなかった。

長男の衛邦氏は、晩年の牟田口廉也司令官の行動を、どう見ていたのか。唯一、取材が許された大田嘉弘氏は、こう書き残している(大田嘉弘『インパール作戦』)。

「ご長男衛邦氏は、控え目であったが父廉也中将の気持ちが世に伝えられることを願っておられるように拝察した。

しかし、奥様の和子さんの考えは違っていたようである。

和子さんは父中将に「今まで長い間、沈黙の地獄の苦しみに堪えられたのですから、発言を控えられたらどうですか」と進言したそうである」

一九六六年（昭和四一）、肉声テープを吹き込んだ翌年、牟田口廉也司令官は、七七歳でこの世を去った。

終章　帰還兵たちの戦後

死線をさまよった齋藤少尉

最後に、第一五軍の経理将校として牟田口廉也司令官と行動を共にした齋藤博圀少尉のその後について触れておきたい。

先述したとおり、七月一日のインパール作戦中止後、牟田口司令官は兵士たちに先駆けて、現場を離脱した。その一方で、齋藤少尉は作戦中止を知らないまま、物資を補給するために白骨街道をインパールに向かっていた。作戦中止の報を聞いた七月一七日以降の日誌には、目の前を過ぎていく出来事の一つ一つを逃さずに記録していくという、齋藤少尉の執念を強く感じることができる。

もっとも長く書かれた七月二六日の日誌には、撤退路の日本軍の実相が綴られていた。

「七月二六日　今どんよりとした目つきであてどもなく空を見つめていた兵が、便所の帰り道にみれば最早(もはや)死んでいる。死ねば往来する兵が直(す)ぐ裸にして、一切の装具を褌に至る迄はいで持っていってしまう。修羅場である。生きんが為には皇軍同志もない。死体さえも食えば腹がはるんだと兵が言う。我々さえもうっかり靴下に米でもいれたのを背につけていれば後ろから銃殺される。殺した奴をみていても旨いことをしたなあと羨ましがるくらいである。〔略〕

破壊された橋のふもとで「早く殺してくれ」と絶叫する声。食うものも全くつきた生への恐怖の声が必死にひびく。

空襲も最早恐れず転がったままの敵機を仰ぐ眼々々。我官の未だ死にきれぬ身にはたまらなく危うく見える。橋梁近くの爆撃掃討が続く。引き上げてくる軍医の、タムよりパレルへの途中の野戦患者収容所では、進攻し来る敵を支えられず、旅団の退却に際し、足手まといとなる患者全員に最後の乾パン一食分と小銃弾、手榴弾を与え、七百余名を自決せしめ、死ねぬ将兵は勤務員にて殺したりきと〔略〕」

「七月三〇日　激しき下痢・発熱四〇度四分、苦しい、しかし歩かねばならぬ。〔略〕

道は連日の豪雨に全くの泥濘と化している。〔略〕膝までずぶずぶ入る。空爆が来れば終わりである。右手は断崖、左手は山である。路傍に天幕をひっかぶったまましゃがんだ姿でいる兵隊に気づけば死んでいる姿だった。片足を泥中につっこんだまま力尽きて死んでいる者、渓川に仰向いて水を飲まんとして水にうたれている死体、蛆が全身にわいて思わず眼を覆いたくなる死体、その泥中を片足切断した兵が松葉杖にすがって一人ゆく。生への執着につくづく感心する。聞けば軍曹とのこと。

そう言えば死体には、兵、軍属が多く、将校、下士官は案外に少ない。〔略〕確かに将校、下士官は死んでいない」

番組のエンディングでは、日誌の傍点部分を伝え、さらに九六歳となった齋藤さんの次のインタビューを紹介した。

齋藤博圀さん

「日本の軍人は、これだけ死ねば〔陣地が〕とれる、自分たち〔軍の上層部〕が計画した戦が成功した。だから日本の軍隊上層部が……（涙）……悔しいけれど、兵隊に対する考えはそんなもんです（涙）。だから、知っちゃったら、辛いです」

牟田口中将がビルマを離れ帰国の途についた一九四四年九月、齋藤少尉はかろうじて生き延びラングーンの病院に移送されていた。猛烈な悪寒に襲われ続け、衰弱が激しく立つこともできなかった。体重は三八キロにまで落ち込んでいた。

その間も、闘病中の齋藤少尉のもとに多くの仲間の死の知らせが届いた。

「一一月二七日　俺一人ただ俺一人病(やみ)うる身を病床に横たう。生き残りたる悲しみは死んでいった者への哀悼以上に深く淋しい」

「一二月一三日　入院患者の大半は長期療養を要するも、緬甸(ビルマ)方面軍の入院患者余りに多く、作戦行動に大なる支障を来(きた)しあるを以(もっ)て、重傷並びに不具者を除きて一切を原隊復帰せしむべき命令せらる。ウ号〔インパール作戦〕以来入院患者数万を数え戦闘力激減の由。退院、申告」

そして、一九四五年一月七日、齋藤少尉は再び司令部のあったメイミョーに戻ってくる。

「一月七日　〔略〕マンダレー着。夕方出発メイミョウへ。

次第に寒くなってくる。しまいには震えだしてくる。星が美しい。オリオンがまたたく。ああまた帰ってきた」

インパール作戦の失敗により第一五軍の上層部は任を解かれそれぞれ散っていったが、生き残った前線の兵士達は取り残された。ビルマ方面軍は、戦線の縮小を考え、全軍を立て直そうとした。大本営からは次のような基本方針が示された。「少なくともビルマ中央要域、特にエナンジョン〔油田地帯〕を確保せよ」。これを受けて決定された新たな戦線が、チンドウィン河が合流するビルマ最大の川、イラワジ河（エーヤワディー河）を防衛線とする戦闘であった。インパールの激闘をくぐり抜けた兵士たちはこの「イラワジ会戦」にかり出された。一九四五年二月二日、齋藤少尉も、編成された斬込隊の小隊長を命じられ、イラワジ会戦とそれに続くメイクテーラ会戦に向かった。再び多くの仲間が戦死し、日誌のボリュームが一気に膨れ上がった。

「二月一一日　優勢成る大軍を向え、「イラワジ」河畔においては、斬込隊が次々と繰り出されていくも、彼の飛行機、戦車、砲撃、自動車、あらゆる機械化に対するに我は只徒手空拳に似たる装備なるを如何せん」

空爆と戦車部隊を主体とするイギリス軍の猛攻の前に、衰弱の極みにあった日本軍はなすすべはなかった。

それでも牟田口中将の後を継いだ片村四八第一五軍司令官は、〝内地へ向かう一兵をも余分にこの線に釘付けせしむべき〟と命じた。齋藤さんは、「その結果が皮肉にも原爆投下につながったのではないかという、行き所のない申し訳なさの気持ちを今でも持ち続けている」とインタビューに答えている。

齋藤少尉は一九四五年五月八日の日誌に、こう書きなぐった。

「補給の絶無、現地物資皆無、民心離反と悪条件の山積みし此処に自滅を待つ我等緬甸派遣軍の心中を内地に残る軍部上層者よ如何に見るや。今となりては何が為に戦うかを知らず。命ぜらるが儘に戦い命を捨つるのみ。批判するは許されず。まして反対は死を意味する」

私たちは、この日の日誌の次の言葉を番組最後のコメントとした。

「国家の指導者達の理念に疑いを抱く。望みなき戦を戦う。世にこれ程の悲惨事があろうか」

リバティ船の誓い

終戦後、南方で戦った兵士たちは、タイのバンコクから米国の「リバティ型貨物船」に乗って帰国の途についた。上中下と仕切られた船艙に、合わせて三〇〇〇人が収容された。船内では日本から運ばれた飲料水が用意されていた。密林での壮絶な戦闘をくぐり抜けてきた者たちにとっては格別の美味であった。毎日のように夢見た祖国日本へ向かい、一路航行する。船の中では、皆、日本に帰っての抱負を語り合った。故郷に帰り、まず嫁を迎え結婚するという者が圧倒的に多かった。

「君はどうするのか?」と聞かれた片柳鴻上等兵は即座に「私は事業を興す」と返した。インパール作戦中、特務機関兵として現地人の服装でアラカン山脈を工作活動に奔走した片柳氏は、この時の心境をこう語った。「我々生き残った者は戦死した人たちの犠牲のもとにある。生き残った者が復興に励み、戦前以上の日本国にまで発展させることは、亡き戦友たちに対する償いと思ってやってきた」。片柳氏は焦土となった東京で教育に後半生を捧げる決意をし、現在の東京工科大学を立ち上げた。九七歳の今も東京工科大学等を運営する学校法人片柳学園の現役の学園長として活躍している。

「我々は残り少ない人生に血みどろの努力をして国勢を引きもどさなければならない。これは私個人の事ではなく、現代の民族のことである。私はこの民族の分子として働く。丁度、完全な身体の手や足となって」。こう決意した青年は、平久保(ひらくぼ)正男(まさお)氏、齋藤博圀少尉と同じく一九四三年一一月に陸軍経理学校を卒業した。第三一師団歩兵第五八連隊の少尉として、コヒマの激闘を生き抜いた平久保氏は、戦後、商社の丸紅に入社し、イギリス駐在員を長年勤め上げた。そして、定年後もイギリスに残り、インパール作戦を戦ったイギリス軍兵士を訪ね和解活動を続けた。やがてイギリスでビルマ作戦協会を立ち上げ自ら代表を務め、ミャンマーやインドを訪ね現地の復興活動に力を注いだ。

リバティ船に乗り込んだ帰還兵の多くが、現地に残してきた仲間の屍を思い、いつか必ず戻ってくると誓った。日本が世界第二位の経済大国にのぼり詰めた一九七〇年代、ミャンマー各地に元日本兵がパゴダ(仏塔)を建てた。序章でも紹介したミャンマー中央部の都市サガインの、イラワジ河(エーヤワディー河)に面した丘には大小様々な無数のパゴダが建てられている。その中で一際目立つ白いパゴダは、日本パゴダと呼ばれている。

そこにはインパール作戦に従軍し戦死した無数の日本兵の名前が刻まれている。建立されたのは一九七六年、慰霊碑には「日本パゴダ建立の由来」としてこう刻まれていた。

「戦後三十年を経てこの地を訪れた生還者たちが、野をこえ山をこえて喚び交わす、亡き戦友たちの望郷と愛国の願いの声を、耳底にはっきりと聴きました。その純粋な願いを更に耳を澄まして聞き、其の徳を讃えるために塔の建立を決意し、三年の工期を経て、昭和五十一年一月、一応の落成を見ました」

取材に訪ねた現地の村々で、私たち取材班は、戦後、元兵士たちが慰霊に訪れている痕跡を見た。ある者は小学校を寄贈し、「村に残された戦友の魂が子供たちとなって生まれ変わってくれるように」と村人に語った。白骨街道沿いに桜並木を作ろうと奔走する人もいる。帰還兵とその家族たちは残してきた魂を風化させないために人知れず動いていた。

齋藤博圀さんも、一九四六年六月、タイからリバティ船に乗り込み、帰国の途についた。帰国前、齋藤さんは、戦地で書き綴った日誌やメモを知人であるタイの大学教師ソンブーン氏に託した。出国の際、イギリス軍の検閲に引っかかり没収されることを恐れたのだ。日誌は、戦場を生き抜いた齋藤さんの魂そのものだった。失うことが決して許されない「生きた証」だったのだ。

六月二六日、再び故国の土を踏んだ齋藤さんは実家のある静岡県浜松市に向かった。故郷・浜松は一九四四年から終戦にかけて度重なる空襲や艦砲射撃をうけ、焦土と化していた。齋藤さんは再び書き始めた日誌にこう記した。

「戦禍のため変わり果てたる故郷の地に感慨深し」

地元の織機会社に就職した齋藤さんは、一九五〇年、再びタイ・バンコクを訪れ、ソンブーン氏から日誌を受け取った。

帰還兵・齋藤博圀の戦後

その後、齋藤さんは神奈川県に移り住み、厚木の米軍基地で働いた後、自動車会社に就職し、営業部のセールスマンとして働き始めた。

戦後の生き方について、齋藤さんは以下のような手記を残している。

「仲間の大半を失い申し訳ない気持ちで一杯だった私は出家を思い立ちましたが、生活はそれを許さず、せめてもの死んだ方達へのお詫びとして、私は一生脚光を浴びる華々しい生活はすまい、ひっそりと生きていこう、一人生き残ってしまった心苦しさに一生酒と煙草を断とうと決心して、今日まで続けてきました」

一九五九年に恵美子さんと結婚した後、恵美子さんから社交ダンスを教わると、唯一の楽しみをダンスとし、指導者の資格を取るまでになった。定年後は本格的に指導を始め、教え子は一〇〇〇人を数えた。手を抜かず丁寧に教えることに定評があった。

恵美子さんには戦争の話をすることはなかった。


高度成長を遂げた日本が石油ショックを受け、低成長時代へ突入した一九七五年、経済専門の出版社から一冊のビジネス書『営業課長の実務』が発行された。私たちはそのゲラを手に入れた。発行時に変更されたのだろうか、ゲラには『セールスマネジャーの心の憂さの捨て処』というタイトルがつけられていた。著者は齋藤博圀さんだった。

高度成長の波の中では発売した商品はすぐに売れた。セールスマンとしての苦労も経験もさして必要とされることはなかった。その右肩上がりの時代が一変し、セールスする側に地道な努力が要求されるようになった。しかし、経営トップは、高度成長時代の右肩上がり神話から抜け出すことができない。部下にノルマを次々と課した。一方、若い世代は「しらけ世代」と言われ笛吹けども踊らない、上の世代には理解しがたい感性を持っていた。その上と下の板挟みになったのがマネジャーと言われる中間管理職だった。

その第一章は「まず経営者に物申す」。齋藤さんは次のようなエピソードを紹介している。

「〔営業所に〕本社からは一日に何回も「どうだ、受注状況は?」と電話がかかってくる。もう支店長や所長では間に合わないと上役を素通りしてマネジャーに直接かかってくる。「いったいどうするつもりなんだ。これでどうやって給料を払えると思うのか」とヒステリックなまでの叱咤激励がとんでくる。〔略〕そして最後はこれまた逃がれられぬ運命の所長は、「今度はおれの総括か」と観念して首の座に座っている。〔略〕「所長がそんな弱気だから成績があがらないのだ」ということになる。こうして所長までがしだいにわが身の安全のためと〔略〕心にもない数字を報告するようになる。だから毎月二十日ごろまでの見通しは達成率一〇〇%である。かくしてノイローゼ気味なマネジャーも出てくるし、まともな者は胃をこわす。「勝手にしろ」とふてくされるのも出てくる。毎日の朝夕の会議、夜も日曜もない」

上と下にはさまれたマネジャーの「心の憂さ」の一つ一つを紹介し、経営者にその孤独な立場をわかってほしいと切実に訴えた。

二〇一七年八月一五日の番組放送後、齋藤さんが入院する病院を再び訪ねた。インタビュー時に比べ、体調が思わしくなく、点滴を受けて寝ていた。番組のお礼とともに「若い人に大きな反響があった」と伝えると、齋藤さんは目をつぶったまま大きく頷いた。

二〇一七年一一月二六日、齋藤博圀さんは静かに息を引き取った。享年、九六。その日の夜、静岡県磐田市の自宅を訪ねた。陸軍上層部の理不尽な言動をつぶさに記録し、暴雨の密林で死線をさまよった陸軍少尉がたどり着いた最期の表情は、とても穏やかだった。

棺の横には、妻の恵美子さんの薦めではじめた社交ダンスをするタキシード姿の写真が置かれていた。

それから半年がたった二〇一八年五月下旬、恵美子さんから連絡があった。博圀さんが書いていた回想録が新たに見つかったというのだ。文末には、自らの最期について触れられていた。

「あれだけ死体の中で過ごし、死に出会うと、死には無感動になってしまいました。私の最後の願いは、私の遺体はチンドウィン河に流してもらう事ですが、危険地帯とて行く事は許されていません。その河はやがてイラワジ河となります。イラワジ河の流れに流してもらいたいのが念願です」

博圀さんの思いは、最後までインド・ミャンマー国境、あのインパール作戦を戦った山岳地帯とともにあった。

今回、私たちの番組で証言してくださった元日本軍将兵一〇人のうち三人が、放送後半年以内に逝去された。

齋藤さんと同じく第一五軍司令部の少尉だった、山崎教興さん。いつも別れ際、強く手を握ってくれたことを今でも覚えている。別れを惜しむような暖かい握手だった。二〇一七年一二月、妻の千枝子さんより、山崎さんが亡くなられたと連絡があった。ビルマの戦況が日本に向けどのように伝えられていたか、山崎さんは、必死の思いで私たちに残してくださった。

絵で戦争の悲惨な現実を記録していた望月耕一さん。多くの兵が渡河を待ち、犠牲となったチンドウィン河西岸のシッタンの現在の様子などを私たちにいつも聞いてこられた。二〇一七年一二月に自宅で倒れ、救急車で運ばれたが、そのまま息を引き取られた。お通夜の日、ちょうど「戦慄の記録 インパール 完全版」が放映されており、ご遺族で見てくださったと聞いた。「日本人同士でね、殺してさ／〔一人でいると〕肉切って食われてしまう」。その言葉は、インパール作戦の狂気の象徴だった。

おわりに——異例の反響

本書は、二〇一七年八月一五日放送のNHKスペシャル「戦慄の記録 インパール」、同年一二月一〇日放送のBS1スペシャル「戦慄の記録 インパール 完全版」、そして二〇一八年四月四日放送のBS1スペシャル「インパール 慰霊と和解の旅路」の取材班が、番組で紹介することが出来なかった情報を加えて執筆したものである。一連の番組は、異例とも言える大きな反響を呼んだ。反響の内容は様々だった。そのひとつを紹介させていただきたい。

NHKスペシャルの放送から半月ほど過ぎた去年九月上旬、私と小口拓朗ディレクターは残暑によるものとは違う汗をシャツの下に感じながら、番組にご出演いただいた将官の遺族に会うために埼玉県の大宮駅に向かっていた。どのような番組でも放送後の対応は緊張を強いられるが、この日はとりわけその度合いが強かった。番組は、インパール作戦における将官の作戦指導を厳しく問うものだったからである。

私たちが対面したのは、インパール作戦の指揮をとった第一五軍司令官・牟田口廉也中将の孫、牟田口照恭氏だった。照恭氏は、一部上場企業の取締役・CTOを歴任するなど常に第一線で活躍してきたビジネスマンである。面会は、牟田口中将の番組内での取り扱いをめぐって照恭氏から抗議を受けてのものだった。

照恭氏には、祖父にあたる牟田口中将の遺品を提供していただいただけでなく、インタビューにも応じていただいた。父親から受け継いだ牟田口中将の遺品を前にして、照恭氏は「〔祖父と違い〕父はアンチ〔反戦争〕でしたけど、父には、歴史物として捨ててはいけないという思いがあったんでしょうね。見たくはないけど、捨ててはいけない」と語った。その言葉は、多くの視聴者の方々の反響を呼んだ。作戦によって犠牲になった兵卒やその遺族の言葉が人々の心を打つことは多い。一方で、司令官の遺族の言葉が人々の心を打つのは極めて珍しいことだった。番組をご覧いただいた多くの方が、照恭氏の〝勇気〟を賞賛する声を届けてくださった。私は、「望外な出来事」として照恭氏にも喜んでいただけるのではと考えていた。しかし、「戦争」、しかも、その「責任」という、極めて重いテーマを扱ったドキュメンタリーの制作者として、その認識は極めて甘かったと言わざるを得なかった。

照恭氏は、事前の取材の中で、「悲惨な歴史を二度と繰り返さないためにも、当時の時代環境を正しく知り、状況が刻一刻と変化する中、当時のリーダーがどのような判断をしたのか。ファクトファインディングが重要だと認識している」と語り、そのような番組になるならと出演をご了解いただいた。私たちの考えも照恭氏と同様だった。

しかし放送された内容は、照恭氏やご家族にとって大いに不満が残るものであった。面会でも「作戦を推し進めた大本営の責任に目を向けるべきだったのでは」、「インパール作戦に至る時代状況の説明が十分ではない」など厳しいお言葉をいただいた。

「インパール作戦」は戦後長く無謀な作戦の代名詞だったが、近年は、巷間口にする人も少なくなっていた。今回の番組は、その記憶を改めて呼び起こすものであり、インパール作戦を知らない世代にも「戦争の現実」を知らしめるものになった。ＮＨＫスペシャルで描いた内容は、長く防衛研究所で研究にあたった軍事史家の原剛氏、近現代史に詳しい歴史学者の山田朗氏、防衛大学校の教授を務めインパール作戦に関する論文もある荒川憲一氏ら複数の専門家に監修いただいており、今回、取材で発掘した事実も途方もない確認作業を経て放送したものである。しかし、照恭氏をはじめご家族がどのような思いで過ごしてきたのか。再び番組で作戦を取り上げることが、牟田口中将の遺族にどのようなご心痛を与えてしまうのかについて考え抜いていたのか。日本人だけでも三一〇万人が命を落としたと言われる「先の戦争」。その中で、三万の戦死者・戦病死者、四万の負傷者を出した「インパール作戦」。犠牲になった兵士や遺族だけでなく、将官たちの遺族にも、それぞれの「重い戦後」がある。この場を借りて、照恭氏とご家族に謝意をお伝えするとともに、厳しい反響も予想される中で「二度と繰り返さないために」と番組にご協力いただいたことに改めてお礼を申し上げたい。

視聴者からの便りは、NHKスペシャルの放送後、一カ月以上続いた。NHKに届いたメールや手紙は三〇〇通にのぼった。インパール作戦に参加した元兵士や、その家族からの手紙は、切実なものばかりだった。

千葉県の六七歳の男性「インパール作戦に参加した父は、昭和五三年一二月に他界致しましたが、戦争のことはほとんど何も話さなかったと思います。父の戦争体験を調べたく何かご教授お願い致します」

京都府の七六歳の女性「亡くなった父が「たくさん死んでしもた。生きて日本に帰ってこられたのは十人に一人やった」と涙声で話すのを子供のころからよく聞いていました」

取材班の最年少、NHKに入局して二年目の梅本肇ディレクターは後日、手紙を送ってくださった方々を訪ね、家族たちの戦後をたどるドキュメンタリー番組も制作した。亡夫がインパール作戦に参加したという九〇歳の女性の「お父さんが元気なときに話を聞いとくべきだったよ。自分を責める。お父さんの経験を遺してやらなきゃ申し訳ない」という言葉、そしてその表情を、今も、忘れることは出来ない。

反響が若い世代に広がったことも私たちの想像以上だった。放送後、ツイッターには「#あなたの周りのインパール作戦」というハッシュタグが登場し、自分自身が日常生活の中で直面した理不尽な経験をつぶやく人々が急増した。

上司への忖度(そんたく)、曖昧な意思決定、現場の軽視、科学的根拠に基づかない精神論、責任の所在の曖昧さ……インパール作戦と、現代日本でもそこかしこで見られる「悪弊」との「親和性」があのような現象を呼んだのかもしれない。

最後に、今回、執筆にあたった取材班は、NHKの中でも近現代史を専門に番組を作ってきた人間ではない。NHKの中で「報番」と呼ばれる組織で、ニュース番組や報道ドキュメンタリー番組を制作してきたディレクター・プロデューサーである。制作統括の一人である新山賢治は伯父をインパール作戦で亡くしている。NHKを退職するまで報道の第一線に立ちながら番組の構想を温め続けてきた。齋藤博圀元少尉の日記を発掘した笠井清史は、「ニュースウオッチ9」というニュース番組で日々奔走しながら、元兵士のもとに通い続けた。今はフリーディレクターとして世界を股にかける新田義貴は、紛争地取材の豊富な経験を活かしミャンマーの山岳地帯のロケを敢行した。インパール作戦に関する多くの著書を残した高木俊朗氏の資料を入手し全体構成を担当した小口拓朗、ベストセラー『それでも、日本人は「戦争」を選んだ』の著者である東京大学の加藤陽子研究室出身で文献の読み込みに力を発揮した梅本肇は、現在、それぞれ別のNHKスペシャルを制作している。制作統括をつとめた横井秀信と私は、この文章を書いている現在、ともに「森友文書改竄問題」の「クローズアップ現代+」を制作しているところだ。

また今回の執筆には関わっていないが、戦没者名簿をビッグデータによって可視化することで作戦の全貌を明らかにした今井徹、浜山布子、現地師団長や参謀の遺族取材にあたった山内拓磨も、ニュースや報道番組を担当してきた記者、ディレクターである。

私が初めて戦争関連のドキュメンタリーを制作したとき、「報番」の先輩から言われた言葉がある。今回の番組でもその言葉が常に念頭にあり続けた。

「歴史の専門家ではない報番の人間が作る戦争ドキュメンタリーは、〝いま〟にこだわらなければならない。〝いま〟という時代に、このテーマを取材することの「現代性」と「普遍性」を考え続けなければならない」

NHKスペシャル「戦慄の記録 インパール」とそれを軸としたこの書籍が、どこまで現代を照射出来ているかは甚だ心許(こころもと)ない。しかし、戦後七十余年が経ち、〝歴史修正〟の動きが広がりをみせる中で、あの戦争の様々な「戦慄の記録」を発掘し伝え続ける「責務」を、取材班ひとりひとりが、強く感じている。

二〇一八年四月

NHKスペシャル取材班を代表して　三村忠史

参考・参照文献一覧

荒川憲一「日本の戦争指導におけるビルマ戦線――インパール作戦を中心に」『戦争史研究国際フォーラム報告書 第1回』二〇〇三年
伊藤正徳『帝国陸軍の最後3 死闘篇』光人社NF文庫、一九九八年
後勝『ビルマ戦記――方面軍参謀 悲劇の回想 新装改訂版』光人社、二〇一〇年
NHK取材班編『太平洋戦争日本の敗因4 責任なき戦場インパール』角川文庫、一九九五年
大田嘉弘『インパール作戦――ビルマ方面軍第十五軍敗因の真相』ジャパン・ミリタリー・レビュー、二〇〇八年
片倉衷『インパール作戦秘史――陸軍崩壊の内側』経済往来社、一九七五年
片倉衷／伊藤隆編『片倉衷氏談話速記録(日本近代史料叢書)上下』日本近代史料研究会、一九八二・八三年
齋藤博圀「回想録」私家版
――「日誌」私家版
――『営業課長の実務』ダイヤモンドセールス編集企画、一九七五年
上法快男編『元帥寺内寿一』芙蓉書房、一九七八年
杉田幸三『抗命の軍将――嗚呼、インパール 佐藤中将の悲劇』広済堂出版、一九九五年

高木俊朗「烈師団参謀の自決」『文藝春秋』一九六六年一一月号
――『インパール』文春文庫、一九七五年
――『抗命』文春文庫、一九七六年
――『憤死』文春文庫、一九八八年
秦郁彦編『日本陸海軍総合事典 第二版』東京大学出版会、二〇〇五年
美藤哲平「日本陸軍の兵站思想とその限界――インパール作戦を中心に」『軍事史学』五一巻三号、二〇一五年
藤原彰『昭和の歴史5 日中全面戦争』小学館ライブラリー、一九九四年
防衛庁防衛研修所戦史室『戦史叢書 ビルマ攻略作戦』朝雲新聞社、一九六七年
――『戦史叢書 インパール作戦――ビルマの防衛』朝雲新聞社、一九六八年
――『戦史叢書 イラワジ会戦――ビルマ防衛の破綻』朝雲新聞社、一九六九年
牟田口廉也「回想録」私家版
――「一九四四年「ウ」号作戦に関する国会図書館における説明資料」私家版、一九六四年
――「牟田口廉也政治談話録音」国立国会図書館、一九九五年
望月耕一『瞼のインパール 改訂版』静岡新聞社、二〇〇六年
読売新聞社編『昭和史の天皇9 インパール作戦』読売新聞社、一九八〇年

岩波現代文庫版あとがき

NHKスペシャル「戦慄の記録 インパール」などインパール作戦関連番組を書籍化した単行本が刊行されてから五年の月日がたった。

この五年、私は八月の戦争関連のNHKスペシャルを五本制作することになったが、そのうちの一つが二〇二二年八月一五日に放送された「ビルマ 絶望の戦場」である。「戦慄の記録 インパール」の制作チームが、インパール作戦後のビルマ戦の最後の一年間をあらためて見つめ直した番組だった。取材をすすめると太平洋戦争で最も無謀と言われたインパール作戦が一九四四年七月に中止されて以降、戦局がすでに決していた中で、一〇万以上の将兵や民間人が命を落としていたことが分かった。その中には、敗戦を知ることなく一九四五年八月一五日以降も敗走を続けた中での犠牲もあった。

インパール作戦で牟田口廉也司令官に仕え、戦慄の記録を書き残した第一五軍の齋藤博圀元少尉は、マラリヤに冒されながらイラワジ会戦にかり出され、切り込み隊の小隊長を命じられた。イギリス軍の猛攻を浴び再び死線をさまようことになった齋藤元少尉は、一九四五年の日誌に命を刻みこむような筆圧でこう書き記している。

「もとより予も日本人であり、国軍の将校たる以上、必勝を念じ又信じたい然れ共、其の現状たるや、その客観的に観察すれば、余すに僅かの時日あるのみ日本の屈服は間近に迫りたる厳然たる事実ならん。それに殊更に目を覆い、ポツダム会談を無視せんとするは何たる無暴ぞや。宜しく一国家の指導者たる者、厳粛に事実を直視し、以て百年、千年の計を誤る事勿れ」

ビルマ戦の最後の一年は、ジャーナリズムの世界では扱われることが極めて少なく、「忘れられた」というべき戦場だった。インパール作戦という戦史の中でも特に〝非日常的〟な戦闘のあと、まるで惰性で続けられたような〝日常的〟な戦闘の中で、あまりにも多くの命が失われ、そしてそのことは、忘れられていた。否、「私たち」を主語とするなら、みずからその歴史を忘れていたのである。

発刊からの五年間。日本の長い戦後の中でも、ひょっとしたらこの五年間ほど、戦前・戦中が意識されたことはなかったかもしれない。

新型コロナウイルスの世界的流行による厄災は、第一次世界大戦を結果として終わらせることになったスペイン風邪の大流行を想起させたし、コロナ禍での東京オリンピック・パラリンピックの開催の是非が問われた際には、一九四〇年の東京五輪中止が併せて報じられることも少なくなかった。そして、ロシアのウクライナへの軍事侵攻。プーチン大統領の核兵器使用の威嚇は、いやが上にも、広島・長崎への原爆投下の惨禍を意識せざるを得なかった。ヨーロッパでは、二〇世紀の前半に戻ったかのように、安全保障上の地政学的リスクが盛んに指摘されるようになった。軍事力の強化をはかる中国や北朝鮮と隣接する日本もまた例外ではなかった。NHKの今年二月の世論調査で、二〇二三年度から五年間の防衛費の総額を今の一・六倍にあたる、およそ四三兆円とする政府の方針について賛否を聞いたところ、「賛成」が四〇%、「反対」が四〇%と拮抗した。そして、二〇二二年七月には参議院選挙遊説中に安倍晋三元首相が銃撃され死亡した。それから一年もたたないうちに、統一地方選挙遊説中の岸田文雄首相の近くに爆発物が投げ込まれるというテロ未遂事件が起きた。

未知のウイルスによるパンデミック、核保有大国による独立国家への軍事侵攻、戦前以来の首相経験者の殺害……。最近、タレントのタモリさんがテレビのトーク番組で今という時代を「新しい戦前」と表現して話題になった。発言の真意は明らかになっていないが、多くの人々が「新しい戦前」という空気感を、どこかで意識しているのかもしれない。

歴史家の加藤陽子氏は、長谷部恭男氏と杉田敦氏との鼎談(『歴史の逆流——時代の分水嶺を読み解く』朝日新書、二〇二二年)の中でこう述べている。

「歴史は確かに一回性のものだけれど、我々が失敗を繰り返さないためには、常に歴史を参照しながら考えていくことがとても重要です。今の時点からきちんと振り返ることで、初めて歴史が見えてくる」

「戦慄の記録 インパール」の取材に応じてくださった元将兵のほとんどの方が、既に鬼籍に入った。あの戦争からすでに七八年がたった。戦場経験者のほとんどが一〇〇歳を超え、直接、話を聞くことは不可能になりつつある。けれど、混迷を深め将来が見通しにくい時代だからこそ、みずからの歴史を忘れないこと、そして、歴史を参照していくことの重要性はより増していると痛感している。この岩波現代文庫が、それらのことの一助となるのなら、こんなに嬉しいことはない。

二〇二三年五月

NHKスペシャル取材班を代表して

三村忠史

解説　「歴史」になった現代史との格闘

大木　毅

その事象が生起してから五十年、八十年、あるいは百年（論者によっては、二世代、三世代といった表現を用いる向きもある）経たなければ、真の歴史研究の対象にはできないとは、昔からよくいわれるところだ。解釈の典拠となる文書や証言が世に出て、史料批判を受け、学問的解釈を可能とするだけの史実が確定するまでには、そのぐらいの時間がかかるということだろう。

また、対象となる事象に利害を有する者たち、さらには自ら体験したことであるがゆえの情念に囚われた同時代人の声が消えていき、客観的で醒めた議論を進められるようになるには、半世紀以上の歳月を置く必要があるということかもしれない。とりわけ、多大なる流血と惨禍を強いた動乱や戦争の歴史には、そうした側面があるはずだ。

にもかかわらず、人々は、その歴史になりきっていない歴史――現代史を語り、論じずにはいられない。たとえ、表面的な事象の背後にあるものが解明されていなくとも、おのれ、もしくは父母や祖父母の人生を左右した世界の動きを把握したいとの、いわば

「解釈欲」を抑えられるわけがないのだ。

それゆえ、現代史は厳密な意味での歴史研究の対象たり得るかという、古くて新しい問題は残るとしても、その研究は、今日が昨日となるそのときから開始されているといってもさしつかえあるまい。

さはさりながら、現代史研究には当然、ここまで記してきたような条件から来る特殊性がつきまとう。他の時代研究においても、むろん、それに相応する作業はあるだろうが、現代史研究では、立証過程における史料発掘の比重がきわめて大きく、かつ、その際のジャーナリズムとの相乗りが顕著なのである。

この点については、多弁を弄するまでもあるまい。他の時代研究と比べて、現代史研究は、厖大な量の公文書、当事者の日記などの私文書、また、彼らの証言などに依拠できる可能性が大きい。しかも、そうした生々しい事実の確認は国民一般の関心にも合致していたから、ジャーナリズムにとっては、それらの史料の博捜・精査を進める上での強い動機づけとなった。

日本も、こうした傾向の例外ではない。昭和戦後期にあって、現代史、なかんずく太平洋戦争の歴史の究明は、研究者とジャーナリストの協同により、長足の進歩をとげてきたのである。

とはいえ、日本人にとって、近代以降最悪の悲惨な体験であった戦争が終わってから、八十年近い年月が過ぎ去っている。本稿冒頭に示した理解にしたがうなら、太平洋戦争はようやく歴史研究の対象になりつつあるとみることもできよう。

ところが、あの戦争はなお、国民的記憶への関心という範疇にとどまらず、現在進行形のアクチュアルな争点でありつづけているから、ジャーナリズムの側も、歴史研究者だけにまかせて、手をこまぬいていることはできない。これも現代史研究の特徴の一つであるが、この分野はアイデンティティの問題や現実の動向との関わりがとくに深い。「歴史は過去に対する政治」であるとの色彩が、他の時代研究に比べて、より濃厚であるといってよいのだ。

しかし、そうした要求があるとしても、今日のジャーナリズムが、「歴史」となりつつある現代史と切り結ぶには、多くの困難がある。昭和戦後期には、当事者が存命でもあり、公開されぬままに眠っている史料を発見することも期待できた。そのような状況にあっては、ジャーナリストのフットワークは、研究者のそれに優る成果を上げることも可能であったが、現今では、かくのごとき利点は望むべくもない。

ならば、ジャーナリズムはいかにして、過ぎ去っていく現代史にアプローチするのか。かかる難題に、ＮＨＫスペシャル取材班が取り組んだ成果が、本書『戦慄の記録　インパール』である。

一九四四年のインパール作戦は、太平洋戦争の諸戦役のなかでも、ワーストを争うといっても過言ではない結果をもたらした。

タイとの国境地帯以外はすべて連合軍の脅威にさらされているけれども、援蔣ルート(米英の中国支援路)を封じる必要があるため、ビルマ(現ミャンマー)から撤退することはできない。そうした戦略的苦境におちいった日本軍は、英印(イギリス・インド)軍の先手を打って攻勢をかけ、その基地を覆滅することにより、ビルマ防衛を安泰たらしめるとの「攻勢防御」策を取った。ただし、その陰にはインド侵攻の野望があっただろうとは、多くの研究者が推測するところである。

いずれにせよ、より高位の次元である戦略レベルの失敗を、作戦・戦術レベルの努力で補うことはできないという軍事の常識を無視し、兵站面での準備も不充分なままに強行されたインパール作戦は、惨憺たる結末を迎えた。

空輸による補給に支えられた英印軍に、コヒマやインパールまで引き込まれた日本軍は、目標を達成できぬまま、態勢が伸びきったところに反撃を受け、敗走する。退却行は悲惨をきわめ、撤退ルートは死屍累々、「白骨街道」と呼ばれるような様相を呈した。作戦全体での死者は、およそ三万に達したといわれる。

この戦役については、日英の公刊戦史(防衛庁防衛研修所戦史室『戦史叢書 インパール作戦――ビルマの防衛』朝雲新聞社、一九六八年/Woodburn Kirby et al. *The War against Japan.*

Vol. III, London, 1961)をはじめ、多数の研究書が出版されているし、当時陸軍報道班員としてビルマに赴任していた作家高木俊朗による古典的なノンフィクション五部作もある(『インパール』、『抗命』、『戦死』、『全滅』、『憤死』。現在では、再構成の上、文春文庫に収録されている)。

　そうした研究状況にあって、ＮＨＫは敢えてインパール作戦に関するドキュメンタリーを制作し、二〇一七年に「ＮＨＫスペシャル」として放映した。その取材班が、ＴＶドキュメンタリーには収めきれなかった情報も含めて、本書をまとめたのである。では、汗牛充棟ただならぬ先行研究があるなかで、ＮＨＫスペシャル取材班は、どのような手法で、インパール作戦というテーマに挑んだのか。

　意外なことに、それは、足でかせぐジャーナリストのオーソドックスな取材であった。本書を一読されれば、すぐにわかることだが、現地取材や日本軍死者の地図上へのプロットなど、令和の今日ならではの方法も併用されてはいるものの、基本となっているのは、存命の兵士や当事者の遺族への取材、公表されていなかった私文書の発掘といった地道な作業である。そうした歴史との格闘の成果は大きかった。

　たとえば、齋藤博圀少尉の日記の発見などは、特筆すべき功績だったといえる。インパール作戦中、第一五軍司令部附だった齋藤少尉は、同司令部の頽廃と異様な雰囲気を余すところなく、その日記に描きだしていたのだ。

もっとも、NHKスペシャル取材班も、可能なかぎり当事者やその遺族にあたるというアプローチのデメリットには悩まされたようだ。そうした取材対象による談話や史料の提供は、往々にして「弁護側の証言」の性格を帯びる。さりとて、貴重な情報をもらえば謝意を示したくなるのは人情であるから、つい批判の矛先が鈍るということもあろう。事実、昨今眼につく、旧軍の「悪玉」弁護論には、遺族から情報を出してもらったことへの配慮か、不都合な事実をネグレクトしているものさえある。

本書の場合、取材班が牟田口の遺族より情報を得ていながらも、インパール作戦における将官の作戦指導を問題視したため、「厳しいお言葉をいただ」くことになったのを確認しておきたい(本書二六七頁)。

現代にあって、ジャーナリズムが昭和史や太平洋戦争史を扱う際には、こうして述べてきたような、さまざまな困難がある。かくのごとき課題に対して、AIを使ったビッグデータの解析といった方法論的な搦め手に訴えるといった動きもあるようだ。かかるアプローチは客観性を保証するというのだけれども、はたしてそうか。

データ自体は客観的な事実であるにしても、それが提示されるときには、作り手の解釈が入らざるを得ないから、その言説が適切であるか否かは疑問が残るだろう。今のところは、との留保はつくとしても、かような手法は「鬼面人を驚かす」程度の効果しか得られていないのではないだろうか。

結局、ジャーナリズムが「歴史」となりつつある現代史に取り組むには、すぐれて今日的な問題意識を基盤に置きつつ、事実の発見に向けて愚直に努力することが、いまだアルファでありオメガなのであろう。本書に示された成果は、そのテーゼを証明してくれているように、筆者には思われる。

(おおき・たけし／現代史家)

本書は二〇〇八年七月、岩波書店より刊行された。

戦慄の記録 インパール

2023年7月14日 第1刷発行
2023年9月15日 第2刷発行

著 者 NHKスペシャル取材班

発行者 坂本政謙

発行所 株式会社 岩波書店
〒101-8002 東京都千代田区一ツ橋2-5-5

案内 03-5210-4000 営業部 03-5210-4111
https://www.iwanami.co.jp/

印刷・精興社 製本・中永製本

ISBN 978-4-00-603342-2 Printed in Japan

岩波現代文庫創刊二〇年に際して

二一世紀が始まってからすでに二〇年が経とうとしています。この間のグローバル化の急激な進行は世界のあり方を大きく変えました。世界規模で経済や情報の結びつきが強まるとともに、国境を越えた人の移動は日常の光景となり、今やどこに住んでいても、私たちの暮らしは世界中の様々な出来事と無関係ではいられません。しかし、グローバル化の中で否応なくもたらされる「他者」との出会いや交流は、新たな文化や価値観だけではなく、摩擦や衝突、そしてしばしば憎悪までをも生み出しています。グローバル化にともなう副作用は、その恩恵を遥かにこえていると言わざるを得ません。

今私たちに求められているのは、国内、国外にかかわらず、異なる歴史や経験、文化を持つ「他者」と向き合い、よりよい関係を結び直してゆくための想像力、構想力ではないでしょうか。

新世紀の到来を目前にした二〇〇〇年一月に創刊された岩波現代文庫は、この二〇年を通して、哲学や歴史、経済、自然科学から、小説やエッセイ、ルポルタージュにいたるまで幅広いジャンルの書目を刊行してきました。一〇〇〇点を超える書目には、人類が直面してきた様々な課題と、試行錯誤の営みが刻まれています。読書を通した過去の「他者」との出会いから得られる知識や経験は、私たちがよりよい社会を作り上げてゆくために大きな示唆を与えてくれるはずです。

一冊の本が世界を変える大きな力を持つことを信じ、岩波現代文庫はこれからもさらなるラインナップの充実をめざしてゆきます。

（二〇二〇年一月）

S292
食べかた上手だった日本人
—よみがえる昭和モダン時代の知恵—
魚柄仁之助

八〇年前の日本にあった、モダン食生活のユートピア。食料クライシスを生き抜くための知恵と技術を、大量の資料を駆使して復元！

S293
新版 報復ではなく和解を
—ヒロシマから世界へ—
秋葉忠利

長年、被爆者のメッセージを伝え、平和活動を続けてきた秋葉忠利氏の講演録。好評を博した旧版に三・一一以後の講演三本を加えた。

S294
新島襄
和田洋一

キリスト教を深く理解することで、日本の近代思想に大きな影響を与えた宗教家・教育家、新島襄の生涯と思想を理解するための最良の評伝。〈解説〉佐藤 優

S295
戦争は女の顔をしていない
スヴェトラーナ・アレクシエーヴィチ
三浦みどり訳

ソ連では第二次世界大戦で百万人をこえる女性が従軍した。その五百人以上にインタビューした、ノーベル文学賞作家のデビュー作にして主著。〈解説〉澤地久枝

S296
ボタン穴から見た戦争
—白ロシアの子供たちの証言—
スヴェトラーナ・アレクシエーヴィチ
三浦みどり訳

一九四一年にソ連白ロシアで十五歳以下の子供だった人たちに、約四十年後、戦争の記憶がどう刻まれているかをインタビューした戦争証言集。〈解説〉沼野充義

S297
フードバンクという挑戦
―貧困と飽食のあいだで―
大原悦子

食べられるのに捨てられてゆく大量の食品。一方に、空腹に苦しむ人びと。両者をつなぐフードバンクの活動の、これまでとこれからを見つめる。

S298
いのちの旅
「水俣学」への軌跡
原田正純

水俣病公式確認から六〇年。人類の負の遺産「水俣」を将来に活かすべく水俣学を提唱した著者が、様々な出会いの中に見出した希望の原点とは。〔解説〕花田昌宣

S299
紙の建築 行動する
―建築家は社会のために何ができるか―
坂茂

地震や水害が起きるたび、世界中の被災者のもとへ駆けつける建築家が、命を守る建築の誕生とその人道的な実践を語る。カラー写真多数。

S300
犬、そして猫が生きる力をくれた
―介助犬と人びとの新しい物語―
大塚敦子

保護された犬を受刑者が介助犬に育てるという米国での画期的な試みが始まって三〇年。保護猫が刑務所で受刑者と暮らし始めたこと、元受刑者のその後も活写する。

S301
沖縄 若夏の記憶
大石芳野

戦争や基地の悲劇を背負いながらも、豊かな風土に寄り添い独自の文化を育んできた沖縄。その魅力を撮りつづけてきた著者の、珠玉のフォトエッセイ。カラー写真多数。

S302
機会不平等
斎藤貴男

機会すら平等に与えられない〝新たな階級社会の現出〟を粘り強い取材で明らかにした衝撃の著作。最新事情をめぐる新章と、森永卓郎氏との対談を増補。

S303
私の沖縄現代史
—米軍支配時代を日本〈ヤマト〉で生きて—
新崎盛暉

敗戦から返還に至るまでの沖縄と日本の激動の同時代史を、自らの歩みと重ねて描く。日本〈ヤマト〉で「沖縄を生きた」半生の回顧録。岩波現代文庫オリジナル版。

S304
私の生きた証はどこにあるのか
—大人のための人生論—
H.S.クシュナー
松宮克昌訳

私の人生にはどんな意味があったのか？ 人生の後半を迎え、空虚感に襲われる人々に旧約聖書の言葉などを引用し、悩みの解決法を提示。岩波現代文庫オリジナル版。

S305
戦後日本のジャズ文化
—映画・文学・アングラ—
マイク・モラスキー

占領軍とともに入ってきたジャズは、アメリカそのものだった！ 映画、文学作品等の中のジャズを通して、戦後日本社会を読み解く。

S306
村山富市回顧録
薬師寺克行編

戦後五五年体制の一翼を担っていた日本社会党は、その誕生から常に抗争を内部にはらんでいた。その最後に立ち会った元首相が見たものは。

S307
大逆事件
——死と生の群像——
田中伸尚

天皇制国家が生み出した最大の思想弾圧「大逆事件」。巻き込まれた人々の死と生を描き出し、近代史の暗部を現代に照らし出す。〈解説〉田中優子

S308
「どんぐりの家」のデッサン
漫画で障害者を描く
山本おさむ

かつて障害者を漫画で描くことはタブーだった。漫画家としての著者の経験から考えてきた、障害者を取り巻く状況を、創作過程の試行錯誤を交え、率直に語る。

S309
鎖塚
——自由民権と囚人労働の記録——
小池喜孝

北海道開拓のため無残な死を強いられた囚人たちの墓、鎖塚。犠牲者は誰か。なぜその地で死んだのか。日本近代の暗部をあばく迫力のドキュメント。〈解説〉色川大吉

S310
聞き書 野中広務回顧録
御厨貴
牧原出 編

二〇一八年一月に亡くなった、平成の政治をリードした野中広務氏が残したメッセージ。五五年体制が崩れていくときに自民党の中で野中氏が見ていたものは。〈解説〉中島岳志

S311
不敗のドキュメンタリー
——水俣を撮りつづけて——
土本典昭

「水俣―患者さんとその世界―」『医学としての水俣病』『不知火海』などの名作映画の作り手の思想と仕事が、精選した文章群から甦る。〈解説〉栗原彬

2023. 9

S312
増補 隔離
—故郷を追われたハンセン病者たち—
徳永進

らい予防法が廃止され、国の法的責任が明らかになった後も、ハンセン病隔離政策が終わり解決したわけではなかった。回復者たちの現在の声をも伝える増補版。〈解説〉宮坂道夫

S313
沖縄の歩み
国場幸太郎
新川明
鹿野政直 編

米軍占領下の沖縄で抵抗運動に献身した著者が、復帰直後に若い世代に向けてやさしく説き明かした沖縄通史。幻の名著がいま蘇る。〈解説〉新川明・鹿野政直

S314
ぼくたちはこうして学者になった
—脳・チンパンジー・人間—
松本元
松沢哲郎

「人間とは何か」を知ろうと、それぞれ新たな学問を切り拓いてきた二人は、どのような生い立ちや出会いを経て、何を学んだのか。

S315
ニクソンのアメリカ
—アメリカ第一主義の起源—
松尾文夫

白人中産層に徹底的に迎合する内政と、中国との和解を果たした外交。ニクソンのしたたかな論理に迫った名著を再編集した決定版。〈解説〉西山隆行

S316
負ける建築
隈研吾

コンクリートから木造へ。「勝つ建築」から「負ける建築」へ。新国立競技場の設計に携わった著者の、独自の建築哲学が窺える論集。

S317
全盲の弁護士　竹下義樹
小林照幸

視覚障害をものともせず、九度の挑戦を経て弁護士の夢をつかんだ男、竹下義樹。読む人の心を揺さぶる傑作ノンフィクション！

S318
一粒の柿の種
―科学と文化を語る―
渡辺政隆

身の回りを科学の目で見れば…。その何と楽しいことか！　文学や漫画を科学の目で楽しむコツを披露。科学教育や疑似科学にも一言。〈解説〉最相葉月

S319
聞き書 緒方貞子回顧録
野林健・納家政嗣 編

「人の命を助けること」、これに尽きます――。国連難民高等弁務官をつとめ、「人間の安全保障」を提起した緒方貞子。人生とともに、世界と日本を語る。〈解説〉中満 泉

S320
「無罪」を見抜く
―裁判官・木谷明の生き方―
木谷　明
山田隆司・嘉多山宗 聞き手・編

有罪率が高い日本の刑事裁判において、在職中いくつもの無罪判決を出し、その全てが確定した裁判官は、いかにして無罪を見抜いたのか。〈解説〉門野 博

S321
聖路加病院　生と死の現場
早瀬圭一

医療と看護の原点を描いた『聖路加病院で働くということ』に、緩和ケア病棟での出会いと別れの新章を増補。〈解説〉山根基世

S322
菌世界紀行
—誰も知らないきのこを追って—
星野　保
大の男が這いつくばって、世界中の寒冷地にきのこを探す。雪の下でしたたかに生きる菌たちの生態とともに綴る、とっておきの〈菌道中〉。〈解説〉渡邊十絲子

S323-324
キッシンジャー回想録 中国(上・下)
ヘンリー・A・キッシンジャー
塚越敏彦ほか訳
世界中に衝撃を与えた米中和解の立役者であるキッシンジャー。国際政治の現実と中国の論理を誰よりも知り尽くした彼が綴った、決定的「中国論」。〈解説〉松尾文夫

S325
井上ひさしの憲法指南
井上ひさし
「日本国憲法は最高の傑作」と語る井上ひさし。憲法の基本を分かりやすく説いたエッセイ、講演録を収めました。〈解説〉小森陽一

S326
増補版 日本レスリングの物語
柳澤　健
草創期から現在まで、無数のドラマを描きさる日本レスリングの「正史」にしてエンターテインメント。〈解説〉夢枕　獏

S327
抵抗の新聞人 桐生悠々
井出孫六
日米開戦前夜まで、反戦と不正追及の姿勢を貫きジャーナリズム史上に屹立する桐生悠々。その烈々たる生涯。巻末には五男による〈親子関係〉の回想文を収録。〈解説〉青木　理

S328
人は愛するに足り、真心は信ずるに足る
―アフガンとの約束―
中村 哲
澤地久枝(聞き手)

戦乱と劣悪な自然環境に苦しむアフガンで、人々の命を救うべく身命を賭して活動を続けた故・中村哲医師が熱い思いを語った貴重な記録。

S329
負け組のメディア史
―天下無敵 野依秀市伝―
佐藤卓己

明治末期から戦後にかけて「言論界の暴れん坊」の異名をとった男、野依秀市。忘れられた桁外れの鬼才に着目したメディア史を描く。〈解説〉平山 昇

S330
ヨーロッパ・コーリング・リターンズ
―社会・政治時評クロニクル 2014-2021―
ブレイディみかこ

人か資本か。優先順位を間違えた政治は希望を奪い貧困と分断を拡大させる。地べたから英国を読み解き日本を照らす、最新時評集。

S331
増補版 悪役レスラーは笑う
―「卑劣なジャップ」グレート東郷―
森 達也

第二次大戦後の米国プロレス界で「卑劣な日本人」を演じ、巨万の富を築いた伝説の悪役レスラーがいた。謎に満ちた男の素顔に迫る。

S332
戦争と罪責
野田正彰

旧兵士たちの内面を精神病理学者が丹念に聞き取る。罪の意識を抑圧する文化において豊かな感情を取り戻す道を探る。

2023. 9

S333
孤塁
―双葉郡消防士たちの3・11―
吉田千亜

原発が暴走するなか、住民救助や避難誘導、原発構内での活動にもあたった双葉消防本部の消防士たち。その苦闘を初めてすくいあげた迫力作。新たに「『孤塁』その後」を加筆。

S334
ウクライナ 通貨誕生
―独立の命運を賭けた闘い―
西谷公明

自国通貨創造の現場に身を置いた日本人エコノミストによるゼロからの国づくりの記録。二〇一四年、二〇二二年の追記を収録。〈解説〉佐藤 優

S335
「科学にすがるな！」
―宇宙と死をめぐる特別授業―
佐藤文隆
艸場よしみ

「死とは何かの答えを宇宙に求めるな」と科学論に基づいて答える科学者vs.死の意味を問い続ける女性。3・11をはさんだ激闘の記録。〈解説〉サンキュータツオ

S336
増補 空疎な小皇帝
「石原慎太郎」という問題
斎藤貴男

差別的な言動でポピュリズムや排外主義を煽りながら、東京都知事として君臨した石原慎太郎。現代に引き継がれる「負の遺産」を、いま改めて問う。新取材を加え大幅に増補。

S337
鳥肉以上、鳥学未満。
―Human Chicken Interface―
川上和人

ボンジリってお尻じゃないの？ 鳥の首はろくろ首!? トリビアもネタも満載。キッチンから始まる、とびっきりのサイエンス。
〈解説〉枝元なほみ

2023. 9